万物皆有科学

〔英〕夏洛特·霍奇曼 ◎ 主编

李亚文　孙诗惠 ◎ 译

THE STORY OF SCIENCE
&TECHNOLOGY

CTS
湖南少年儿童出版社
HUNAN JUVENILE & CHILDREN'S PUBLISHING HOUSE

前言

　　微积分、化学元素、航空技术、天体运动、冶金术、夸克、玻色子，也许这些复杂概念会将外行弄得晕头转向，但好在它们其实并没有那么复杂。和所有历史一样，科技史也是由人主导书写的，它并不是只有原子和公式。

　　在这本书中，我们将遇见**古希腊和古罗马的哲学家、数学家、工程师**。他们开创了几何、物理、地理等学科，发明了自动化设备和天文学计算器等物件。本书还讲述了家喻户晓的科学家们的生活和工作，例如**牛顿、伽利略、爱因斯坦**等。

　　我们赞美改变了世界的发明家和工程师，例如**发明印刷机的古登堡、改良蒸汽机车的史蒂芬孙、提出地图绘制原则的托勒密、计算机程序创始人阿达·洛甫雷斯**等。我们同样关注知名度不高但贡献卓越的科学家们。你知道吗？DNA 双螺旋结构的发现和**罗莎琳·富兰克林**息息相关，印度博学家**贾格迪什·钱德拉·博斯**革新了无线电和微波的研究，**乔瑟琳·贝尔**发现了脉冲星。

$$\int f(\varphi(x))\varphi'(x)\,dx = \int f(u)\,du$$

$$= \sqrt[n]{z_1 \cdot z_2 \cdot \cdots \cdot z_n} = \sqrt[n]{\prod_{i=1}^{n} z_i}$$

$\vec{u} + \vec{v}$

夏洛特·霍奇曼

目录

第一章
人类文明的发展

第二章
对世界的探索

第三章
工业革命

第四章
个性十足的人物

第五章
科学趣事

第一章

人类文明

的发展

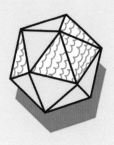

第1节 古希腊技术

希腊人和罗马人都酷爱各种物件，不论是农作物收割机、自动化设备、还是计算机原型。

加尔桥修建于2000年前，共三层，是输水渠道的一部分，可将水源引至法国尼姆。

1901 年，人们在希腊安提凯希拉岛海岸发现一艘沉船，找到一大块被腐蚀的铜块。这艘船大概是在公元前 1 世纪沉没的，上面载有大量货物，比如珍贵的珠宝、玻璃制品、雕像。因此，铜块并没有立刻引起人们的关注。但人们发现它有齿轮后，便认为有必要深入研究。

被发现一个世纪之后，它被命名为安提凯希拉装置，并被视作古希腊技术成果的完美典范。这个计算机原型约有 35 个齿轮，可预测日食和月食，可充当天文日历，能追踪天体在黄道上的位置，等。

是谁发明了这样的装置呢？最近，有学者提出它的发明者可能是古代著名的科学家——阿基米德。因为这位数学家曾发明了星球仪，古罗马大将军马塞勒斯还将它陈列于美德寺。虽然人们倾向认为某个大科学家发明了安提凯希拉装置，但这个精美的机器或许是一群来自古代地中海地区技艺精湛、知识渊博的人共同发明的。

 安提凯希拉装置相当精密，但实用价值有限。

安提凯希拉装置可以与现代昂贵的钟表媲美，但它似乎有许多用不上的刻度盘。安提凯希拉装置设计精巧，精准度极高，但实用价值十分有限。古希腊的文字中记录了不少类似的器具。来自亚历山大的数学家、工程师希罗（公元 1 世纪）解释了神殿自动门的工作原理：可调节的油灯将水加热后产生的水蒸气是神殿大门自动打开的动力。规模更宏大的物品则有希腊化时期（公元前 334 年—公元前 30 年）问世的自动

安提凯希拉装置已有2100年历史。1901年，人们在地中海发现了这个带发条和外壳的计算机原型。图中还包括其现代复制品。这个精密的装置有大约35个齿轮，可用来预测天体运动，例如日食和月食。

化雕像。为纪念国王托勒密二世及其王后阿西诺亚二世，埃及设立了一个奢华的节日。据有关记载，节日当天女神的雕像可以自动站起和坐下，还能泼洒祭祀用的牛奶。研究古代技术时，应当钻研这些发明，因为它们证明了赞助这些发明的贵族对科技创新的贡献。贵族们只喜欢向他们的客人炫耀这些新奇的发明，对创造更加实用的机器其实没什么兴趣。

其他领域的科技

古希腊和古罗马时期有许多重要的科技成果。不论是明君还是暴君，都十分重视战争技术，这也极大地促进了射程准确、威力强大的弹射器的发展，罗马图拉真柱上就描绘了可移动的弩炮。阿基米德因发明了可将水从低处传往高处的螺旋抽水机而广受赞誉。古罗马的输水系统设有宏伟的高架渠，声名远扬。古罗马工程师弗朗提务（公元 1 世纪）详细记录了上述两个发明，它们促进了喷泉和浴池的发展，当然后者也得益于当时地下供暖系统（火坑式供暖）的发明。

古罗马人还擅长在采矿业利用水能。例如，位于威尔士西部的多莱克西金矿建造了大型的蓄水池，放水时可冲刷地表层，以便发现基岩上的金矿脉。此外，古罗马人还创造出混凝土，可以使建筑物经受住时间的考验，维特鲁威（活跃于公元前 1 世纪）记录了这种混凝土的配方。

只关注科技史上划时代的创新与发明有时候也意味着难有突破性的发现，因为这样容易忽略影响人们日常生活的一些创造，而它们的影响力更为广泛。因此我们有必要追本溯源，了解一下源自希腊文的"*technology*"一词原本的含义。

"*Technology*"与"*technê*"（复数形式"*technai*"）相关。准确译出"*technê*"并非易事，人们通常用它指代"艺术"或"工艺"。古希腊的哲学家们，尤其是追随苏格拉底的哲学家，对"*technê*"的定义寻根究底，并不断钻研它和知识之间的关系。因此，柏拉图常常运用

"technai"领域的例子来解释哲学观点，这些领域包括农业、雕塑、编织、陶艺、马术、音乐演奏、军事作战、烹调术、医学等等。柏拉图还提出了一个问题：某种艺术形式，例如修辞学，是否可以算作"technê"？柏拉图列举的全部"technai"名录在古代只有些许调整，但这些微调对整个社会的有序运行十分重要。

在古代，"technai"通常是通过家族传承的，比如由父亲传授给儿子，或由母亲传授给女儿。拥有"technai"的人会感到无比自豪。希波克拉底誓言表达出了这份自豪感：宣誓的新医生都承诺守护生命和自己掌握的"technê"。如果他这么做了，他将从中受益，收获无数赞誉。

不同物品上的书写

公元前5世纪伊始，陶艺家们活跃于雅典，他们喜欢在陶器上展示别的匠人掌握的"technai"。例如，擅长表现铸造场景的陶艺家曾在陶器上详细描绘某个青铜车间，里面有冶炼炉、雕塑半成品、准备拼接到雕塑上的铜手和铜脚。擅长表现医学的陶艺家会在一种细颈瓶上呈现医

生做手术的场景：外科医生替患者放血，其他人则在旁边排队等候。还有一类陶艺家会在陶器上展示学校场景。那些学校通常会教授音乐和阅读。

另外，书写本身也是一种技术，人们需要综合运用工具和技巧。书写既不是希腊人也不是罗马人创造的。但公元前9世纪晚期到公元前8世纪早期，为了满足语言交流的需求，希腊人率先写出元音，完善了只有辅音的腓尼基字母（更准确地说，字母系统）。希腊人和罗马人尝试了各种各样的书写媒介，包括用蜡制成的碑和纸莎草卷轴。描述学校场景的陶器上都记录过这两种书写媒介。纸莎草卷轴是用纸莎草这种植物做成的，著名的亚历山大图书馆的藏书很多是用的这种书写媒介。

据传，公元前2世纪，羊皮纸在古希腊帕加马城问世。帕加马国王阿塔罗斯一世想建一个比亚历山大图书馆还要好的图书馆，为了实现这个目标，他们得依靠只有埃及才有的纸莎草。驻守在亚历山大的托勒密王朝的国王不愿出口这种珍贵的植物。于是帕加马国王不得不发展了另一种书写媒介——动物皮。但这个故事很可能是假的，因为在此之前的几个世纪，安纳托利亚已出现有据可考的羊皮纸。

在古代，尽管卷轴（不论是纸莎草纸还是羊皮纸）被普遍使用，但不可否认，类似现代书籍的手抄本在当时正逐渐取代它的统治地位。公元1世纪开始出现手抄本，直到公元2世纪，手抄本地位超越了卷轴。最初，手抄本只被一些边缘团体垂青，比如早期的基督教徒会将手抄本用于祷告。慢慢地，手抄本越来越流行，到了公元5世纪，手抄本的规

模占据了统治地位。

在这里需要说明的是工程只是技术众多分支中的一种，技术和工程不应混为一谈。许多技术，例如精密的齿轮工具，仅有贵族能掌握。其他像输水系统这样造福普罗大众的技术，也并非人人都可以掌握。尽管古代人们的读写能力普遍较低，但无法否认的是，书写对塑造我们对古代技术的认知极为重要。

古希腊和古罗马的农业技术

整个古代时期，农业的重大创新较少。水磨发明于希腊化时期，后日益流行。考古发现，整个西罗马帝国统治时期水磨都有迹可循。罗马人老普林尼和帕拉弟乌斯记录了一种名为"*vallus*"的收割机，有时亦称之为"联合收割机的前身"。高卢地区的大庄园普遍使用这种机器。它装有车轮，由牛牵引，还配备金属齿轮，便于割下

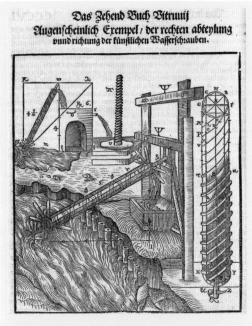

维特鲁威在其《建筑十书》中介绍的一些技术设备。

玉米穗。1958 年，人们在比利时布泽诺发现了一台与上述描述非常吻合的收割机。但此后六年，学者们仍在争论这种收割机的确切外观和功能。

　　古代的机械发明很少，但如果我们接受科技的广义定义，认为它涵盖各种工艺和技巧，那么农业技术方面还是有一些重大的进步。值得一提的是罗马人完善了树木嫁接技术，即把某种植物的幼枝嫁接到其他植物的根茎上。这种技术对提高果树的产量很重要。有了嫁接技术，罗马人可以将原本生长于中亚的果树移植到地中海沿岸甚至北部地区。例如，甜樱桃原本种植于彭托斯（即现代的土耳其），罗马人先将其移植到意大利，后引入罗马人统治时期的英国。通常只有同属性，最好是同种类的树木才是相容的。他们还改良技术，成功嫁接不相容的树种。农学作家科卢梅拉详细记载了他将橄榄树嫁接到无花果树的过程。从现代植物学角度看，科卢梅拉的方法并不是严格意义上的嫁接（幼枝和根茎最终应共用维管组织），他只是让橄榄树在无花果树上生根。无论如何，这仍是园艺技巧的重大进步。

第2节 罗马人究竟为我们做了什么?

罗马人因不少优秀的发明闻名于世,但是人们调查后
发现,古罗马发明常常都只是改进,而非原创。

收藏于古罗马文明博物馆的浮雕展示了人们修路的场景。罗马人通过改
善前人的技术,建成了广泛的公路网。

罗马道路

 笔直、平坦、排水良好……罗马的超级公路并不是第一个做到这些的，但罗马人建成了世界上最庞大的公路网。

公元前 5 世纪，波斯国王大流士下令修建"皇家道路"，全长超过 2500 千米，但该道路并非全部都平坦，有的路段甚至不够笔直。历史上最古老的平坦道路是在埃及的一个采石场，距今大约 4600 年。

罗马人从这些早期公路中找到了灵感，于是他们借鉴了前人的理念并加以改进。罗马帝国鼎盛时期，从首都出发有 29 条军事道路，113 个区域被 372 条道路连接，总长度接近 40 万千米。不仅仅是当时，在接下来的很多年里，罗马的道路修建和连接都是世界上最好的。

笔直平坦的道路促进了各地的来往贸易和军队行动。但是，修建和维护道路费用高昂。仅有 20% 的罗马道路铺上了石块，意味着剩下的 80% 要么是泥土路，要么是碎石路，这些道路在冬季非常容易被损坏。哪怕是石块路，也需要定期维护。文德兰达木简，也就是写在薄木片上的"明信片"，被丢弃在罗马要塞哈德良墙。罗马人当时在木简上写下了士兵出行时对道路的抱怨，读起来十分有趣。

模仿希腊人

 随着强大的希腊逐渐衰落，罗马人更加恣意地融入希腊文化。

罗马文明直到公元前3世纪才正式开启。那时候，希腊文化已经存在好几个世纪了。公元前2世纪，马其顿是希腊世界里最主要的军事力量，但贪婪的邻国罗马先后四次发动了对马其顿的战争。到了公元前146年，马其顿和希腊的其他地区都衰落了，为罗马所统治。

朱里奥·罗马诺的壁画中画有罗马主神玛尔斯（对应希腊神话里的阿瑞斯）和维纳斯（对应希腊神话里的阿佛洛狄忒）。由此可见，罗马人艺术作品的灵感不少是来源于希腊神话。

罗马建筑受到了希腊的影响。早期的罗马建筑是圆形的，反映了凯尔特人对他们的影响。后来，在希腊风靡了几个世纪的圆柱和三角墙逐渐在罗马出现。

希腊对罗马影响颇大的另一个例子是万神殿的众神。罗马人给众神重新取名，但其神话故事及神的形象与希腊神话是互通的。宙斯被改名为朱庇特，阿瑞斯被改名为玛尔斯，并且预言家和神谕都在希腊文化中出现过。

希腊奥林匹克运动会在罗马的统治时期兴盛，甚至连马车竞技都可能是源于希腊。

实实在在的伟绩

 不得不承认，罗马人让混凝土成为主流。这种快捷便宜的材料促进了罗马帝国的建设。

有一种混凝土是在自然中产生的，准确地说，它的出现早于人类。但直到公元前 1200 年，迈锡尼人才开始用它浇筑地面。在罗马统治时代之前，贝都因人在北非也曾创造出自己的混凝土。

但是，只有罗马人对混凝土的使用是最广泛最持久的，从大约公元前 300 年持续到公元 5 世纪左右。他们使用的混凝土由水、生石灰、沙子、火山灰混合而成。

罗马人意识到，用快干型流体材料建造拱门及穹顶远比用砖头或石头容易得多。相比坚固的大理石，在用混凝土建设大型建筑时，既廉价又快捷。先用混凝土制作建筑结构，之后再用石头填充的想法也是罗马人提出的。罗马圆形大剧场就是大型混凝土建筑的典型。

奥古斯都大帝说："我接管罗马时，它是一座用砖建造的城，但我留下了一座大理石建造的罗马城。"这句话虽然强调了奥古斯都作为君王的成就，但也反映出他错过了罗马最重要的建筑材料——混凝土。

日历

儒略历并不是第一部日历，但它是欧洲历史上最具影响力的日历。尤利乌斯·恺撒并没有将自己的名字与这个日历相关联。实际上日历的命名是之后人们向恺撒致敬的结果。

公元前45年，恺撒大帝颁布了儒略历，将一年定为365天，分为

突尼斯艾尔·杰姆考古博物馆馆藏了一件3世纪的马赛克作品，上面写着"11月"。

12个月，每四年在2月份增加一个闰日。这套系统良好地运行了上千年。

但是，一年并不是恰为365.25天。尽管差别不大，但几个世纪下来，问题就产生了。每400年，日历上的天数就多出了三天。因此，时间一长，就需要调整日历。这套曾被采用的日历经过重新校准，发展为现代使用的格里高利历。

围攻战

 精通机械和拥有先进的武器使得罗马人成为当之无愧的围攻战大师。

或许罗马人并没有发明围攻战，但毋庸置疑，他们是围攻战大师。可以这么说，如果罗马军团到达敌军的城市或要塞，那么不论敌军的墙壁有多厚多高，敌军都处于不利的局面。除了残酷的战术，罗马人还拥有大量先进的武器，帮助他们取得围攻战的胜利。

石弩就是致命武器之一。有了石弩，士兵可以投掷石头，有时候也投掷古代版的汽油弹——"希腊火"。一定环境下，石弩也可以在战舰上使用。罗马人是杰出的工程师，能准确判断出敌军城墙的弱点，然后不断重击它们，直至其崩塌。后来，石弩被改良为弩炮，功能基本一样，但制作起来更加简便。

蝎式弩类似大型十字弓。它可以远距离发射剑弩，射程远超敌军

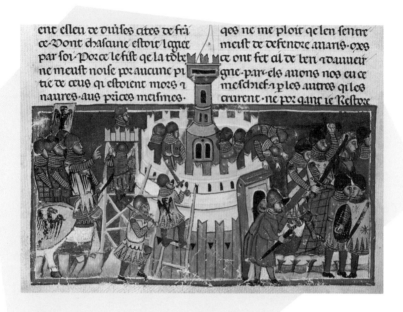

14世纪，意大利微型画上展示的罗马人围攻要塞的场景。在当时，鲜有城市能抵挡住罗马人的围攻战。

的弓箭，主要用来击毙敌军城墙上粗心的士兵。

另一种复杂且令人胆寒的武器是攻城塔。这是一种可以移动的木质塔楼，能直抵敌军城墙下。这样一来，攻城塔中的士兵便可攀上城墙进攻。攻城塔的筑造需要一定的时间，还要借助斜坡。因此，敌军有充足的时间看清楚罗马军团的排兵布阵，并有针对性地准备反击。尽管如此，只要罗马军团动用了攻城塔，多数情况下，他们都可以取得胜利。

如果上述所有武器都不起作用，罗马军团会用破城槌破开敌军的大门。为防止敌军用火烧坏破城槌，罗马人还想了一个法子，用包着湿牛皮的木栏杆保护这些破城槌。

一旦敌军城墙有了缺口，罗马军团便以乌龟缩进龟壳一样的阵型前进。具体而言，士兵们用长方形的盾护着头，其他的盾则放在身体前方和周围进行保护。这样的阵型能抵挡弓箭和小石头的进攻，使士兵不受伤害地靠近城墙缺口。

政府和经济

 戴克里先大力研究罗马税收、贸易、领导体制，彻底改革了政府和经济的运作模式。

罗马人的新尝试并非全部大获成功。公元 284 年，平民出身的戴克里先通过军队里的不断晋升，成为罗马帝国皇帝。他巩固了"四帝共治"理念，即副皇帝体制。每个副皇帝负责统治几个省份，全部向他汇报。这意味着当地的事务可在当地解决，但一定程度上也分散了权力。显然，副皇帝可以随心所欲。在经历了几个世纪战争和冲突的罗马，四帝共治的理念大受欢迎，带来了短暂的和平。

到了公元 300 年，戴克里先统治下的罗马帝国面临着经济难题：一些地区的自由贸易分崩离析，商品价格不断上涨。哪怕开启几代人以来规模最大、造价昂贵的公共建设项目，戴克里先也未缓解这一局面。

戴克里先试图直面这些问题。首先，他彻查了税收制度，出面解决

积重难返的低效问题。此外，他承认金属货币的贬值，一定程度上降低了人们对罗马货币的信任，因此他决定重新为所有硬币估值。这个主意看起来不错，但它仍无法阻止商品价格的快速上涨。戴克里先最后决定对大多数商品设置价格上限，任何不遵循上限价格的人将被处死。

固定价格体系遭到轻视。几乎是从该政策发布的第一天起，人们就忽视了它。供求规律决定了人们一旦非常需要某物，他们就会以超正常的价格购买它。这种情况下，黑市变得繁荣兴旺。幸运的是，这种情况并未持续很长时间。新硬币投入罗马经济中后，商品价格便回归正常。

戴克里先是位非同寻常的罗马皇帝。305 年，为推行四帝共治制度，他主动退位。退位后，他来到了达尔马西亚海岸（如今的克罗地亚），开始了田园生活，安享晚年。

四帝共治的雕塑。四帝共治是戴克里先针对多年动荡局面而推出的多领导人制度。

古代图书

 图书的的确确是罗马人发明的，他们率先将文字页面装订在封面内。

列举了不少罗马人通过改进已有想法而实现的发明，现在讲一个罗马人实实在在的原创作品。

大约在公元前 3100 年，古巴比伦出现了最早可识别的字母和文字作品。人们在石板上书写它们，显而易见，这不是最便携的书写工具。埃及人利用纸莎草制成了一片片薄薄的纸莎草纸，这着实是一项重要的技术。

这样一来，知识便可以记载在纸莎草纸做成的卷轴上了。虽然卷轴的运输变得便利，但它们仍然笨重。中国人在大约 1 世纪晚期发明了造纸术，但直到西罗马帝国崩溃，造纸术才传到欧洲。

在中国人发明造纸术的同一时期，罗马人发明了古代图书，人类历史上第一次将尺寸一致的页面沿着一条边装订在一起。此外，古代图书还用尺寸稍大、更坚硬的封面和封底做保护。这样，大量的书写信息可以集中呈现在运输极为便利的书本上。在数字时代来临之前的 1900 年里，这一直是书写和储存信息的方法。

罗马帝国统治期间，图书成为了书写的标准形式。图书的发明使基督教义和关于皇帝的编年史等复杂信息的分享变得更为简单。

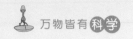

科学故事：

1750年，高文·奈特变革导航罗盘

伟大的发明家并不总是具备慷慨的本性。高文·奈特（1713—1772）因为在磁和罗盘方面的贡献，获得了皇家学会高度赞美。他是大英博物馆首任馆长。

奈特脾气暴躁、踽踽独行、卑鄙，对自己的研究讳莫如深，与科学研究应当造福世界的理念背道而驰。但是，导航对于英国舰队极其重要，奈特对英国贸易和国家建设贡献颇多，皇家学会还是授予了他科普利奖章。

1745年兴起了一股热潮。一位常住伦敦的美国商人夸张地赞美道："我跟你们说点新鲜事儿吧，奈特博士发现了赋予钢铁磁力的秘密。人们以前用的天然磁石的地位现在可尴尬啦。"

奈特首次用天然磁石做实验时，还是牛津大学的医学生。天然磁石是一种具备磁力的铁矿，磁性强弱不尽相同，随着时间的流逝，磁力也会逐渐衰退。尽管奈特从未公开他的精湛技艺，但他的确利用了钢铁生产方面的改良，制造出磁力强劲且持久的磁棒。

四年后，一艘船在海上航行时遭到雷电暴雨侵袭，船上的罗盘也因此受损，奈特应邀检查罗盘。他惊恐地发现，裂开的罗盘盒是用铁钉固定的，而指针则是弯曲成菱形的软铁丝，被胶带绑在一个沉重的圆形厚纸板上。奈特决定重新设计罗盘。反复试验后，奈特选用精制黄铜制成罗盘模型，罗盘钢针细长，被平稳地放置在一个尖端上。

借着皇家学会的关系，奈特拓展了极好的社交圈子。最终他成功说服海军重要官员接受他设计的昂贵的罗盘，并相信这是一笔划算的投资。很快，每一艘开启国际航行的船只都要配备奈特设计的罗盘，这似乎已成为了标配。海军历史学家称赞奈特为科学导航的创始人。

然而，精密复杂的技术也有劣势，最初的狂热也慢慢变为绝望。奈特在研究中非常注重罗盘的精确度，他的罗盘读数误差在一度以内。但是，出海的水手们更关注船只的大概方向，因此，他们会抱怨奈特的罗盘指针过于敏感，在暴风雨天气里，总是转个不停。詹姆斯·库克船长有一次在船上遗失自己最钟爱的老式罗盘后，要求别人做一个一模一样的替代品，且拒绝使用新型的罗盘。他说，奈特博士设计的罗盘转动太快，对海上航行的小型船只来说，没什么用。

回顾过往，奈特最重大的成就是建立了自己的科学事业。他是个精明的人，擅长攀附上流社会。他虽然起点低，但最终获得很高的地位。这一切得益于他懂得营销自己及自己制造的仪器。

高文·奈特采用细长的钢针制造出精确的罗盘。

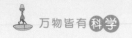

在众多启蒙运动时期的实验型企业家之中，奈特是个杰出的范例。在困境和科学热情的激励下，企业家们从事科学研究，靠授课、写作、发明、讲座等养活自己。他们一起让科学变成一件值得尊敬的事。18世纪初，自然哲学家和发明家是人们打趣的对象，被嘲笑为装模作样的大师，只会从事不切实际的项目。一百年后，如果年轻人不懂一点儿科学，他们就不能说自己是接受过良好教育的人。

第3节 物品中的科学史

从早期计算尺帮助商人在几秒钟内完成复杂的计算，到后来 X
射线被用来解锁 DNA 的秘密，这一节介绍了过去 500 多年里，
科学是如何转变人们对世界乃至宇宙的认知的。

一位旅行演说家将罗伯特·波义耳发明的
真空气泵展示给观众，观众们为之着迷。

第谷·布拉赫的墙式象限仪

 这个四分之一圆弧形黄铜仪器帮助另类的丹麦天文学家制成了当时世界上最准确的星历表。

第谷·布拉赫是 16 世纪非同一般的天文学家。一次失利的决斗后，第谷不得不为自己装上假鼻子。据称，第谷在一次宴会上因膀胱破裂而亡。

值得一提的是，第谷一直排斥传统学术事业的模式。最终，他获得皇家赞助，在汶岛建立了一座大型天文台。目前，这里成为瑞典境内的丹麦文化遗址。第谷对其发明的大型墙式象限仪颇为自豪。这个四分之一圆弧形黄铜仪器高度约为两米，《新天文学仪器》卷头插画里就有它的身影。

该插画是一幅画中画。壁画上有第谷本人、打盹的狗，他们

如《新天文学仪器》（1598年）卷头插画所示，第谷·布拉赫利用其发明的墙式象限仪观察天体。

被墙式象限仪围住。象限仪被固定在墙壁上，以便观测恒星的准确位置。壁画中，第谷伸开的手臂指向了他的天文台。天文台共三层楼：顶层用于夜间观察，中间层的图书馆摆放着大型的星象仪，底层则用来做实验。插画右边的观测者正告诉左边的助理记录一颗移动的恒星所处方位和观测时间等数据。

第谷汇编了当时世界上最准确、最全面的恒星数据。尽管第谷认为太阳围绕地球运行，但伽利略通过第谷的观测确认了地球的确是在不断运动的。

约翰尼斯·开普勒的宇宙模型

 发现行星椭圆轨道的开普勒认为宇宙如音乐般和谐悦耳。

1600 年，穷困潦倒的占星家、前大学教师约翰尼斯·开普勒在布拉格皇室避难。他提出的行星运动三大定律在牛顿天文学中占据重要地位。开普勒坚信有磁力的宇宙结构是上帝创作的完美几何图形的写照。

通过绘制想象中的宇宙模型，开普勒解释了宇宙和谐论。他认为，上帝将行星球体间隔开来，对称的形状就可以嵌入其间。例如，土星最外围的轨道和相邻的木星被一个立方体物质隔开。再向内一些，木星和火星之间有一个金字塔造型的物质。类似地，太阳周围的地球、金星、水星之间也有一些固体结构的物质。

开普勒认为太阳影响了行星的运行，于是他开始研究占星学中的火星，也被称为玛尔斯，即罗马神话中的战争之神。显然，火星绕太阳的运行轨道偏离了完美的圆弧形。经过艰苦卓绝的计算和多次碰壁，开普勒证明了火星的轨道是椭圆形的。

现在，这个发现被认作伟大的科学进步，但在当时却被人们忽略了几十年。直到 1631 年，

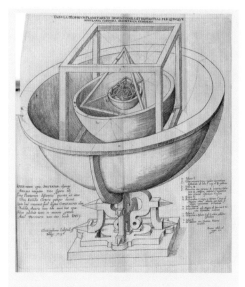

《宇宙的奥秘》中的插画展示出开普勒想象中的宇宙模型。

开普勒去世之后不久，人们发现水星在太阳附近运行的轨迹和开普勒的预测一模一样，他提出的椭圆形轨道模型才得以印证。

约翰·奈皮尔的骨制计算尺

 早期的计算工具，让当时的运算更为快捷简便。

你有没有想过，罗马人是怎么做乘法的？如果你用拉丁数字做乘法，即便是二的乘法表，也会是一场噩梦。所以，当欧洲在 13 世纪初引进阿拉伯数字时，商人和数学家们争先恐后地接受了这套由 0~9 共 10 个

数字组成的计数系统，并沿用至今。

但即便如此，人们在大数字的运算上仍然容易犯错。因为除法的问题没有被解决，至于平方根的运算就更不用说了。

约翰·奈皮尔发明的骨制计算尺。

400年后，英国默奇斯顿领主、苏格兰数学家约翰·奈皮尔觉得是时候让常规的算术工作变得简单。于是，他发明了由十根可旋转的圆棒组成的特殊算盘，每根圆棒上刻着一些数字。这个工具很快便广为人知，被称为奈皮尔的骨制计算尺（昂贵的计算尺由象牙制成），它还能准确快速地进行对数运算。你只需要将圆棒排列好，就可以得出答案了。

罗伯特·波义耳的气泵

 气泵创造了一种完全人为的状态——真空。

英国有一幅著名的展现科学的油画，它是约瑟夫·莱特的作品《气泵里的鸟实验》。画中，身着红色袍子的旅行演说家正在向一个家

约瑟夫·莱特1768年画作《气泵里的鸟实验》。

庭阐释气泵原理，他把手放在气泵的活塞上，掌握着玻璃球内那只白鸟的生死。

　　早在此前的100年，罗伯特·波义耳和罗伯特·胡克就发明了气泵。这种全新的仪器能创造出人为的真空状态。转动气泵底部的曲柄，实验者就能够通过机械运动排出玻璃球体里的大部分空气。批评人士可能会指出，自然中并不存在真空状态，人类无法从中学习到任何真实有效的东西。但是，实验结果更有说服力。真空环境下，摇铃可以被看到，但其发出的声音无法被听到；火焰熄灭了；兔子死掉了。

到了莱特作画的那个年代，气泵已演变成现代科学的标志。莱特的画中，人们对科学研究的反应各不相同，例如惊讶、全神贯注、恐惧等。画上左边的一对夫妇则对气泵毫无兴趣，他们的眼里只有对方。

艾萨克·牛顿的苹果

 不管牛顿的苹果是不是从树上掉落下来的，它带给牛顿灵感，激发他提出引力理论。

关于牛顿，很多人都知道这么一件事：他目睹了一个苹果从树上掉落。凯瑟琳之轮是圣徒凯瑟琳的标志，狮子是圣徒罗杰姆的标志，苹果则是牛顿这位科学天才的标志。

故事来源于牛顿本人。牛顿晚年回忆起大概六十年前的一天，他说自己当时陷入深思，思索着为什么苹果总是垂直地掉落到地面，为

在牛津大学博物馆的这座雕像展现了牛顿正在思索：为什么苹果会掉落……

什么它不会左右摇晃着下落，或是往上升呢？现在我们知道，毫无疑问，是地球吸引了苹果。

对牛顿和与他同时代的科学家而言，这个场景让人联想到伊甸园里掉落的苹果。伊甸园里，夏娃劝亚当咬了一口从知识之树上获取的苹果。

消失了很长一段时间后，关于苹果为什么会掉落的问题于19世纪重新回到人们视线中，并被赋予神学的意义。牛津大学为科学教学建起了哥特式博物馆，并竖立了一些石像激励学生。第一批的六座雕像里就有牛顿。从雕像上看，牛顿凝视着地上的苹果，仿佛它来自天堂。

伏打电堆

 早期的计算工具，让当时的运算更为快捷简便。

意大利人亚历山德罗·伏打是位聪明的操作员。他在整个欧洲和科学家们拉拢关系，并对外声称效忠拿破仑，以此巩固他在国际上的声誉。1800年，他选择在英国期刊宣传自己发明的革命性装置——伏打电堆，它可以成为新的动力来源。

为了制成电池原型，伏打将两种不同金属制成的圆盘交互堆积在竖直的玻璃棒上，用浸了盐水的纸板将圆盘隔开。伏打自己也是实验的一部分。他把一只手放在水盆底部，另一只手放在金属板的顶部。有时候，他甚至将自己的舌头作为探测器。伏打称，他身体接受的电击证明了电鳗或青蛙腿抽搐产生的动物电和实验室里产生的人工电是一模一样的。

伏打一直致力于提出比同事们更有力的科学证据来证明自己，尤其想要超越他的意大利同胞路易吉·加尔瓦尼。伏打的论文是辞藻华丽的巨作，详细地阐述了自己的实验结果。为了让读者深信不疑，他选择尽量绕开一些费解的问题。

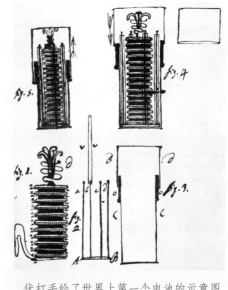

伏打手绘了世界上第一个电池的示意图（1800年）。

克鲁克斯管

 从神秘的发光装置中发现了电子。

故事发生在19世纪70年代。科学家们面对会发光的电子管，脸上写满了困惑。试管内的气压很低，到底是什么产生出这种怪异的绿光呢？一些科学家看到试管中十字架的影子，认为这无疑是个光学现象。不过另一个实验结果却表明：该光线中有种物质强大到可以推动小推车，使其在微型轨道上运动。这个物质是什么呢？是一连串颗粒物，还是某种

神秘的光线?

该发光装置由威廉·克鲁克斯研制。这位英国天才物理学家通过观察实验中小推车的运动和十字架的影子,提出试管内的电子板释放了一种奇怪的物质。克鲁克斯认为通灵术也许能解释上述现象。于是他又做了几次严格的实验,当时一些知名的灵媒都通过了考验,且没有作弊的痕迹。因此,有些杰出科学家开始相信人类真的能和亡灵联系。

当然,也有不少质疑者指责他们被江湖骗子欺骗了。但克鲁克斯坚信人体内可能有类似无线电接收器的物质,所以感受器官特别敏感的人能接收到某个空间传来的振动。他提供的证据当时确实有一定说服力。后来当克鲁克斯所说的神秘光线被证实是电子产生的时,他的观点才被证明是不全面的。而且他设法和亡灵沟通的经历也从未得到充分的解释。

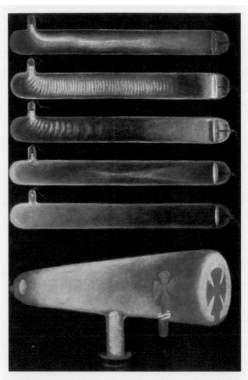

克鲁克斯管让一些科学家相信人类有可能与亡灵联系。

伦琴夫人的戒指

 世界上首张 X 射线照片中的珠宝。

学术论文很少提及科学家的家人，但这一张照片似乎可以说明：在19 世纪，科学家的家人可能经常参与他们的科研活动。

威廉·伦琴是位认真严谨的德国教授，系统地重复着他早期的一些实验。与此同时，他正在为探究一种神秘射线而伤透脑筋。一次，在实验室检查设备的不透光性时，伦琴突然发现，不远处有一个东西闪着奇怪的微光。于是就此展开了系统调查，并在实验室里生活了好几周。

首次发现微光的 14 天后，伦琴让妻子贝莎将手放在被伦琴标注为 X 的射线的路径上，希望能帮他解开心中所惑。贝莎看到自己的手骨和模糊不清的皮肉层时，说："我看到了我死亡的样子。" 从某种程度上说，她是对的，这种无质量、电中性的射

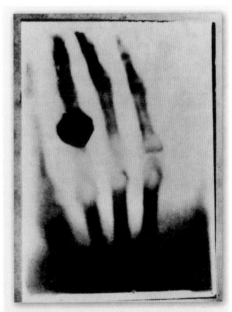

1895年，世界上第一张X射线照片拍到了安娜·贝莎·伦琴戴着戒指的手。贝莎的丈夫伦琴因研究X射线方面的成果获得了1901年诺贝尔物理学奖。

线常常是致命的。但短短几年内，X 射线表演成了游乐场表演者的拿手好戏。某杂志曾写道："我感到茫然、震惊、讶异。听说现在穿着斗篷和袍子的人们会盯着看 X 射线，甚至在它旁边驻足停留。"

埃德温·哈勃的望远镜

 望远镜帮助——战老兵哈勃发现宇宙正在膨胀。

很少有人能让爱因斯坦承认自己犯了错，但埃德温·哈勃做到了。哈勃是一战战场的士兵，战后他来到加利福尼亚州的威尔逊天文台工作，

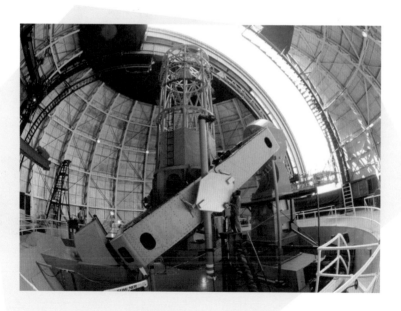

位于威尔逊天文台的胡克望远镜反射口径有100英寸（2.54米），哈勃用它计算出了河外星系与银河系的距离，并证实宇宙在膨胀。

在实验室，人们叫他"少校"。在那里，哈勃运用当时世界上最大的望远镜观察到一些星云距银河系非常远。

为了更好地观测宇宙，哈勃需要借助天文尺，于是他借了一把亨丽爱塔·勒维特发明的尺子。勒维特当时在哈佛大学从事数学教学工作，她被称为"人工计算机"。和电子时代之前的绝大多数聪慧女性一样，她对工作感到绝望，因为她不得不面对无休止的工作和低廉的报酬。不过值得庆幸的是，经过大量乏味的计算，她发现可以利用闪烁的恒星估算恒星距离。

多亏了勒维特，哈勃能够用他的图纸证明：星系越遥远，它远离地球的速度就越快。哈勃的这个图纸还验证了爱因斯坦此前不愿接受的相对论的结果，即宇宙始于一个密度极大的点，并在不断地膨胀。

罗莎琳·富兰克林的 X 射线照片

 20 世纪 50 年代早期，一张在伦敦实验室拍摄的照片解锁了 DNA 的秘密。

20 世纪 50 年代早期，晶体学家罗莎琳·富兰克林在伦敦拍摄到一张 X 射线照片，她小心翼翼地将其存档，供未来分析使用。作为科学规程的坚实拥护者，富兰克林遵循着系统的研究方法。她决定，先完成手头的实验工作，再探究其他项目，哪怕它再有吸引力。

然而，詹姆斯·沃森的性格截然不同。这位剑桥大学的美国博士生冲动、野心勃勃、目标坚定。他立志成为 DNA 结构的解密人。沃森不顾导师要求，没有继续完成自己的工作，而是投入到与弗朗西斯·克里克的共同研究中，试图解决科学界的一大难题。

在富兰克林不知情的情况下，沃森看到了她拍摄的 X 射线照片，并立刻觉察到照片的重要性。沃森在其最畅销的书籍《双螺旋》中写道："我不由自主张大嘴巴，脉搏剧烈跳动着。"沃森并非晶体专家，但他知道这张照片上突出的"X"呈现出螺旋形。沃森后来还意识到 DNA 的两条分子链一定是相互交织的。对照片的全面分析离不开细致的测量和大量的计算，不过沃森和克里克急不可耐地对外公布，他们发现了遗传的秘密，并可以阐释基因内部复杂的分子结构。

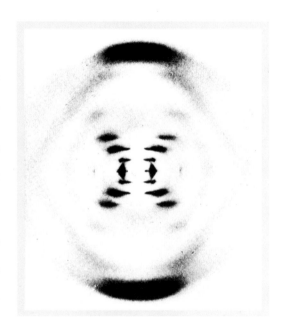

1958 年，富兰克林英年早逝，但她对解密 DNA 所做的贡献得到了人们充分的肯定。

全息图

 经过15年的发展，三维立体图像从一种单纯的理论演变为现实。

全息图并不能用照相机获得，因为它是一种虚拟的状态。与几乎所有的科学发明不同的是，在第一张全息图于1962年问世之前，支撑全息技术的理论就已经完全形成。

来自匈牙利的犹太人丹尼斯·加博尔为了避难逃往英国。1947年，他首次提出全息图概念。借助标准的光学物理原理，加博尔认为某个物体的三维立体图像可以永久保存。此外，他还提出若用此前同一种光线照射储存信息的器件，三维立体图像可以再次显现。多年以来，全息图的存在被很多人质疑，因为这种理论上的设想并未在实际中实现。直到1960年激光诞生，全息摄影技术才具备可行性。

直到1960年激光诞生，全息技术才得以发展。

第4节 科学里程碑

本节选取了全球科技史中十个卓越的发现，例如巴比伦时期的数学发展和因纽特人发现的气候科学。

9世纪数学家、"代数之父"穆罕默德·阿尔·花剌子模的雕像，位于乌兹别克斯坦。

澳大利亚土著的天文学

 澳大利亚土著可能是全世界最早的天文学家。

澳大利亚土著是较早期的一批天文学家。天文学成为澳大利亚土著文化的重要部分至少有 1 万年的历史。他们辨认出不同的恒星和星座，把星空的变化和生活中的大事件结合在一起。卡米拉罗依人在猎人星座的背景下庆祝男性成人礼，这个星座代表的是猎人在独木舟内。更有趣的是，猎人星座实际上和欧洲人命名的猎户星座相吻合，它们都是猎人形象。（尽管在南半球，猎户星座是倒置的！）

对澳大利亚土著而言，天文学还有些更实际的作用。在海上劳作的雍古族人通过观察月球的位置和运动规律来判断海浪的高度。北澳大利亚瓦达曼人仅仅依靠追随星星的方向，就可以在夜间穿越沙漠。如今，在澳大利亚境内，我们仍然能发现岩石上刻着这些古

天空中的鸸鹋星座和地面上土著雕刻的鸸鹋图案一致。

老的天文学知识。坐落在悉尼以北的库林盖猎场国家森林公园内,你能找到库林盖人在岩石上完成的令人难以置信的雕刻。这些岩石雕刻大概已经有4000年的历史了,其中一块岩石上雕刻了鸸鹋星座。在一个满天星星的秋夜,你会发现,雕刻图案与天空的星座完美吻合。这也从考古学上证明了澳大利亚土著的天文学是存在的。

古巴比伦数学

 美索不达米亚先进的数位进制在4000年后仍被应用。

有没有想过为什么1分钟是60秒?为什么圆周是360度?答案得在古巴比伦寻找。目前,大部分的数学运算都是基于十进制。在学校,我们学的是几十、几百、几千这样以10为一个单元的数字,借助手指数数因此变得简单。大约4000年前,古巴比伦人曾采用六十进制,将数字以60作为一个单元。理解六十进制最简单的办法就是看看现在的时间。1分钟可以换算为60秒,

巴比伦石板上的楔形文字和插图展示了一些数学题以及它们的解法。

1 小时换算为 60 分钟。

历史学家和考古学家破解了一些古老石板上的密码，这些密码甚至可追溯至公元前 1800 年。他们发现古巴比伦人利用六十进制处理了很多复杂的数学问题。许多石板与古巴比伦国王的统治有关，人们会计算贷款的利息或者是土地的划分。也有证据显示，古巴比伦数学家先于古希腊数学家提出几何原理，他们也许比毕达哥拉斯本人更早懂得毕达哥拉斯定理。

中国造纸术

 蔡伦改进了造纸术，给中国带来无数便利。世界其他国家则花了几个世纪才发展起自己的造纸技术。

你现在能读到这本书，还得感谢中国一项古老的技术——造纸术。这项技术听起来可能比较普通，但它的的确确改变了整个世界。在运用纸张之前，人类曾在纸莎草纸、羊皮纸和泥板上书写，而这些书写媒介都有各自的缺陷。古埃及使用的纸莎草纸相对便宜，但容易腐烂。罗马人用的羊皮纸结实但过于昂贵，因为要大量使用动物皮。古巴比伦使用的泥板不仅难以存储，还容易破碎。然而纸张解决了上述所有问题，它不仅结实耐用，易于在图书馆储藏，更为重要的是，人们可以在纸张上印刷文字。

中国率先实现标准化的造纸流程。

现存最早的纸张碎片可追溯至公元前2世纪，但中国的造纸术直到公元2世纪左右才真正实现飞跃发展。蔡伦将纸张样本呈送给汉朝皇帝，皇帝对此赞不绝口，并吩咐蔡伦将这项技术保密。几个世纪之后，欧洲人试图学习这种造纸术，有些人甚至绑架并质问造纸工人。在古代，确实有人为了这个中国发明而发生了争斗，甚至丧命，这在今天听起来似乎有些不可思议。

阿拉伯代数

 中世纪的波斯帝国是计算机革命的摇篮。

谷歌能不能在一秒钟内搜索完整个互联网的数据？想知道答案的话，我们得回到中世纪的波斯帝国一探究竟。穆罕默德·阿尔·花剌子模是位天赋超群的数学家，出生于约公元780年。他提出过的许多原理成为当今计算机科学的基石。谷歌依靠复杂的搜索策略，将用户输入的信息与上百万个网站的内容进行比对，这种搜索策略被称为"算法"（*algorithm*），是源于花剌子模的拉丁文名字（*algorismus*）。

算法并不是花剌子模对科学和数学做出的唯一贡献。他还发明了一个符号体系，用于平衡数学方程式。现在，我们称之为代数，因为这个词的阿拉伯语义为"重新结合被破坏的部分"。事实上，你可能已经注意到，不少科学术语的英文单词以字母"al"开头。除了算法（*algorithm*）和代数（*algebra*），类似的例子还有碱（*alkali*）和炼金术（*alchemy*）等。"al"

"算法"一词源于9世纪数学天才花剌子模。

是阿拉伯语里的定冠词，其功能相当于英语里的定冠词 "*the*"。中世纪时期，中东地区其实是科学发展的中心地带。通过翻译学者们用阿拉伯语著成的作品，欧洲人获取了研究数学、化学和天文学的新方法。

太平洋航行

 借助基本的材料和流传几百年的技艺，太平洋岛屿上的居民成功地为浩瀚的海洋绘制了海图。

18世纪60年代，库克船长携带着当时皇家海军能提供的最先进的导航仪器，航行至太平洋。库克船长和他的船员们利用时钟和望远镜，小心谨慎地测绘航程的各个阶段，希望能找到前往塔希提岛的路线并登陆新西兰。但是太平洋无边无际，几乎没有什么陆地可以指引航向，因此直到启蒙运动时期的科学考察兴起，才有一些欧洲人成功穿越它。在库克船长探索太平洋的

在这幅马歇尔岛居民制作的海图里，棍子和贝壳分别表示海浪模式和小岛。

几百年之前，太平洋岛屿上的原住民已经开始在这个辽阔的海洋上自由航行。他们之所以能做到，是因为他们掌握了先进导航技术，其中包括用沙滩上捡来的贝壳和棍子绘制海图。

这些海图不仅仅展示出陆地和水域图，还能展示风和水流信息，单个海岛则用贝壳做标记。在如此浩瀚的海洋上航行，这类海图是行之有效的。1769年，库克船长终于成功抵达塔希提岛。他惊讶地了解到，当地人竟能够准确地绘制岛周边的地图。库克船长的这次航行，同时采用了来自太平洋和欧洲的航海工具。

印度启蒙运动

 18世纪，因为一位有远见的国王，启蒙运动来到东方。

印度建成了18世纪最精确的科学工具之一。杰伊·辛格二世是位才思敏锐的天文学家，他下令在斋浦尔建造简塔曼塔天文台，包含若干个巨石建造的天文仪器，项目在1734年完工。其中最大的仪器名为萨穆拉日晷，可用于测算时间，误差在2秒之内。它高达27米，是目前世界上最大的石制日晷。简塔曼塔天文台的其他仪器为杰伊·辛格创造了有利条件，他可以计算并发表天文学数据，预测行星和恒星的运动。借助名为查克拉的日晷，杰伊·辛格可以计算出全世界任何天文台确定的当地标准时间。

杰伊·辛格二世主持建造的简塔曼塔天文台可准确地预测天文事件。

当时数学和天文学知识在各国间互相传播。杰伊·辛格想在伦敦研究天文学，还将自己测量出的天文学数据与在巴黎的一些期刊上发表的数据对比。在斋浦尔，杰伊·辛格常会阅读基督传教士从巴黎带来的最新天文学书籍。18世纪晚期，在加尔各答，一名天文学家用阿拉伯语翻译了经典作品《自然哲学的数学原理》，扩大了牛顿的运动学定律的影响范围。

来自非洲的植物学遗产

 一名身为奴隶的非洲植物学家获得了罕见的荣誉，证明了非洲人对科学发展的贡献。

苏里南苦木是一种原产于南美洲的能开出粉红色花朵的苦木科植物。

大多数植物是以发现它们的欧洲人的名字命名的，但这种植物的命名和一个非洲奴隶有关，他的名字叫格拉曼·柯西。这充分说明，非洲人民对植物学的发展做出了一定的贡献。18世纪早期，柯西在加纳被抓，并被强制带往荷兰殖民地苏里南。他在种植园劳作，对当地植物的了解逐渐透彻。不久，他从这种植物中提取了一些活性成分，可用于治疗发热和肠道寄生虫引起的腹泻。

苏里南苦木的命名源自深谙苦木药物特性的格拉曼·柯西。

瑞典植物学家卡尔·林奈听说这件事后，铭记在心，于是借用柯西的英文名字，给这种苦木科植物命名。柯西的故事虽然鼓舞人心，但大多数对农业有贡献的非洲人并没有获得这样的认可。实际上，他们也帮助了欧洲植物学家了解新大陆的植物。如18世纪，欧洲植物学家们要依靠非洲人提供的信息，培育和研究热带植物，包括玉米、甘薯、豌豆、可可等。

印度电波

 博学家、微波光学先驱，印度人贾格迪什·钱德拉·博斯开创了大众传播的新时代。

1947年8月15日午夜，印度独立后的第一任总理为这个全新的国家发表演讲。贾瓦哈拉尔·尼赫鲁说道："午夜钟声敲响之时，全世界都在睡梦中，而印度将为获得新生和自由彻夜不眠。"尼赫鲁此次题为"与命运有约"的演讲被认为是20世纪最伟大的演讲之一。尼赫鲁的声

贾格迪什·钱德拉·博斯为生物物理学做出了巨大贡献，他在无线电和微波领域的成就更是改变了世界。

音通过电波传播到印度和其他地区的广播电台，数百万人因此收听到这次演讲。利用无线电波传播声音，尼赫鲁得感谢一位印度的伟人。

贾格迪什·钱德拉·博斯是博学家的代名词，出生在英属印度孟加拉辖区。博斯研究了数学、植物生理学、生物物理学和考古学。他甚至还用孟加拉语写科幻小说，那时候赫伯特·乔治·威尔斯正在用英语开创科幻小说这种文学体裁。但博斯最著名的成就在于对无线电和微波的研究。博斯在加尔各答做了大量实验，证明了电磁波波长仅为5毫米。他也是第一个运用半导体探测到电磁波的人。现在，电磁波已经成为所有收音机的信息来源。

中文打字机

 开创性的文本联想输入在移动电话诞生之前就已问世，中国工程师解决了打字难的问题。

汉语有超过50000个汉字，什么样的打字机才能满足需求？20世纪早期，这个问题困扰着中国的工程师们。起初，大家认为解决之道在于筛选汉字。虽然标准现代汉语中，汉字超过50000个，但人们只需要认识3000个汉字就可以阅读报纸。基于这个考虑，1910年左右，上海诞生了中国首台打字机，它可以打出2500个汉字。这虽是个不小的进步了，但是仍超出了键盘的负荷。因此，这台打字机最终配有一台平置

的字盘，全部 2500 个金属汉字
一一排开。

打字员移动字盘上方的杠杆，
将其放置在需要的汉字上方，然
后按下按钮。这一打字过程的缓
慢程度可想而知。打字员每分钟
大约能打 20 个汉字，而专业的
秘书能在一分钟内打出 60 个英
语单词。最后，随着文本联想输
入技术的发明，这一难题迎刃而
解。20 世纪 50 年代，工程师们
发现，重组字盘上的汉字可以大
幅提高打字速度。

能打出2500个汉字的打字机改变了办公室的工作模式，也带动了小册子在中国的大批量生产。

汉字不再按照字典上的顺序排列，而是和与之搭配频率高的汉字摆放在一起，例如，"社会主义"和"政治"以及"革命"等词语被排放在一起。

因纽特人的气候科学

 对气候代代相传的观察帮助我们更好地了解现代气候变化。

几乎没有人比居住在北极地区的因纽特人更了解气候变化带来的影响。因纽特人祖祖辈辈都在探研他们周围的环境。随着季节变化，他们的很多部落需要循着雪上路线，移居到新的猎场。冰无疑是他们生活的一部分。在口口相传的因纽特历史中，我们可以找到一些关于气候变化的详细资料，而且可追溯至几百年前。不少因纽特人回忆道，他们的父辈和祖辈曾渡过河，不过那里现在已经干涸了。

目前，因纽特人在气候科学的发展方面仍然扮演着重要的角色。位于加拿大的努勒维特气候变化中心主持了一些研究项目，当地的因纽特人做出不少贡献，例如年长的因纽特人被邀请讲述努勒维特的景观变化历史。通过对比历史叙述和科学家们搜集到的永冻层样本，人们可以确定环境变化的模式。根据因纽特人传统说法，环境变化往往源于人类行为。准确地说，目前科学家们正利用因纽特人提供的证据来说服世界其他地区的人，气候变化就是人为因素造成的。

气候学家正在挖掘在努勒维特居住了上千年的因纽特居民留下的信息。

第 5 节 皇家学会

英国皇家学会成立至今已有超过 350 年
的历史。皇家学会的创始人坚信实验的
优先级应高于理论。

《英国皇家学会史》卷
首插画，插画中学会赞
助人查理二世的雕塑被
众人环绕

一个组织需要多长时间才能在历史上留下痕迹？1667年，首部皇家学会史问世，这距离它获得皇家特许仅过去5年。由于那5年间并未取得显著成就，托马斯·斯普拉特在其作品《英国皇家学会史》中更多展示的是关于未来的宣言，而不是早期成就的记录。书的卷首插画上，名誉女神为查理二世的雕像献上花环，皇家学会首任会长威廉·布隆克尔则指着查理的名字。但是，这些希望获得进一步资金支持的暗示最终还是被忽视了。插画中，皇家学会最具影响力的人物弗朗西斯·培根身着官袍，坐在一旁。他是詹姆斯国王统治时期的上议院大法官。

培根最开始攻读的是法律，而非自然哲学。他坚持认为进步不是源于对古代文本的研究，而是实验。他死后，英国皇家学会根据他的观点设立了章程。牛顿说："我从不做任何假设。"实际上，这句话重申了培根的观点，即数据比理论更为重要。这一原则也支撑起现代科学。而在当时，大学里的学术研究基本被亚里士多德式的逻辑主导。基于不容置辩的前提条件，学者们通过系统的辩论，得出结论。托马斯·斯普拉特则声称："皇家学会会员们不会在实验结束之前肯

作于1657年的培根的肖像画。培根贡献突出，为早期的皇家学会章程的设立奠定了基础。

定任何人在实验之前提出的说法。至于他们自己想到的观点，他们也会通过实验和观察去验证。"查理二世雕像上方其实有一个盾徽，上面刻有皇家学会的官方格言——"不迷信权威"。不过皇家学会的信条更接近培根简洁明了的教导，"知识就是力量"。在《新亚特兰蒂斯》这部非凡的作品中，培根想象出一个理想的研究社群，人们被分到独立的项目团队，不仅挖掘关于上帝主导的物理世界的知识，还扩充社会知识。与此类似的是，皇家学会会员希望通过测量和观察，学会控制自然；通过有利可图的发明创造，加强国家统治秩序。

《英国皇家学会史》卷首插画是一座想象中的科学庙宇，拱门上则装饰着各种科学仪器。它们大多数是用于估量和记录世界的传统工具的最新改良版，其中包括皇家学会最珍视的发明之一——真空气泵。不论从象征意义还是实用性角度来说，真空气泵都至关重要。亚里士多德的追随者们认为不可能存在真空，而培根的拥护者们则认为真空这种人为制造的状态能揭示常态背后隐藏的事实。随着玻璃球体内的气体逐渐排出，人们无法听到球体内的铃声，球体内火苗熄灭了，小动物也死掉了。这证明了：空气可以传播声音，是燃烧的必要条件，还可以维系生命。

思想交流

和皇家学会一样，真空气泵也是诞生于牛津。17世纪40年代，一小群学者常常在他们所在的大学里举行非正式的聚会，互相交流，共同

查理一世及詹姆斯一世的医生、实验先锋威廉·哈维以鹿为实验对象，
证明血液可以循环。

进步。牛津率先采用新实验手段的大师是威廉·哈维，他是国王的医生。
为了证明血液在全身循环，哈维挑战了传统解剖学。受哈维的启发，克
里斯托弗·雷恩将啤酒注入狗的血管里。这个尝试输血的先驱后来成为
伟大的建筑师。他们来自一个卓越的男性团体，其中大多数成员都非常
年轻且鲜有名气，但后来他们为英国的科学发展做出了巨大的贡献。

　　这个团体的几名成员是英国皇家学会成立的基础。回头看，当时最
重要的两位成员是化学家罗伯特·波义耳和发明家罗伯特·胡克，他们

合作发明了气泵，并为科学研究奉献一生。但是，当时整个团体充满热情，这比任何团体内个人的贡献都要重要。这些实验者们开展了一系列想法独特、内容丰富的研究项目，例如利用透明的玻璃设计蜂窝、为光学仪器设计精准的测微仪、测试新的耕作方法、解释土星的各个演化阶段、开发新药、制造人工彩虹、发明自动装置等。这些项目中，并非所有的尝试都成功了，有一些项目甚至不符合现在的科学标准，但它们是团体合作研究下的成果。

尽管斯普拉特标榜自己为皇家学会的历史学家，但他在描述皇家学会的早期发展阶段时，将学会第二重要的活动中心格雷沙姆学院一笔带过。这个地方与德特福德海军造船厂隔泰晤士河相望。自 1597 年成立以来，学院便聘请数学家授课，他们都是大学文凭，且与当地的工匠密切合作，注重解决实际问题，例如探究船只设计和地磁学，以便完善导航罗盘。慢慢地，学校的理念

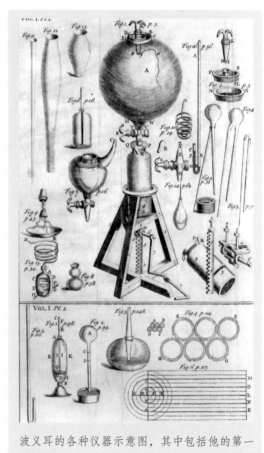

波义耳的各种仪器示意图，其中包括他的第一台气泵。

逐渐转变，开始聘用实验哲学家，并在非正式会议中讨论最新的科学发现。

17世纪50年代后期具体发生了什么，众说纷纭，历史学家们无法达成一致，但最终结果是显而易见的——格雷沙姆学院成为皇家学会的首个大本营。查理二世重回王位之后不久，12名绅士听取了格雷沙姆学院天文学教授克里斯托弗·雷恩的演讲，他们似乎达成了某种默契。1660年11月28日，绅士们第一次在格雷沙姆学院举行会议，其中包括几名保皇党。这并不是一次即兴的聚会，而是策划已久的活动。在他们游说国王，并向他解释建立"旨在促进物理、数学实验学习的学会"的益处前，学会的一些重要规章制度已经形成。接下来几年，学会创始人开始招募成员，并进一步规范其组织结构，最终正式成立"英国皇家学会"。

皇家学会是供科学家们全身心投入学术聚会的场所，但它更像一个为有闲暇时光的绅士们成立的俱乐部。斯普拉特称，这是一个民主的机构，它欢迎"博学的教授和哲学家、技术工人、游历四方的商人、犁地的农民"做贡献。然而，其会员多为富裕的伦敦人，因为高昂的会员费和地处大都市的事实将一部分人拒之门外。1667年，富裕贵族兼多产作家玛格丽特·卡文迪什造访皇家学会，给这个据说比较开放的机构带来了一大挑战。当时，波义耳被迫在她面前做了几个实验，此后皇家学会不允许女性到访，而玛格丽特也因此成为20世纪之前最后一位进入皇家学会的女性。

为了满足会员们的娱乐需求和学术需求，罗伯特·胡克被任命为实验管理员，这是伦敦首个带薪的科研岗位。胡克需要负责照料学会的贮藏室，因为那里收集了让公众着迷的各类珍品，但并没有有序地归类。他的研究主要是为了提出新型的证明方式以进一步证实培根追随者们的理念，即可以通过系统的调查和观察获取知识。胡克在绘有跳蚤和虱子的《显微图谱》中宣传了这种实验手法。日志记载者塞缪尔·佩皮斯看到这本书后，对陌生的微观世界感到惊奇不已，因此彻夜难眠。

尽管皇家学会的会员招募受到一定限制，但它仍是个国际性的组织。世界各地的学术报告汇集皇家学会，而伦敦最新的科学讨论则通过皇家学会期刊《哲学汇刊》传播出去。皇家学会首任秘书长是德国人亨利·奥尔登堡。虽然他被控告交易政府机密，但不得不承认，他成功使皇家学会成为辐射范围更广的学术交流中心，各地的学术圈借助书信连接彼此。

培根的追随者们公开发表图表、说明、结果，实验因此可以复制，知识不再源自人们说了什么，而源于人们做了什么，观察到什么。早期发表的文章涵盖了众多话题，反映了皇家学会会员多样化的兴趣，例如古币、海洋潮汐、非同寻常的分娩、几何定理、壮观的天然磁石、挖矿技术和奇异的天气事件等。

皇家学会成立之初，会员们热情高涨，但是缴纳会费却不是特别积极。皇家学会急需经济上的赞助，因为它既无法承担研究项目的经费，也无法获得免费的办公场所。从象征意义来说，皇家学会仍是欧洲科学的旗舰，但17世纪期间，会员人数锐减。法国的情况则截然不同。

1666 年，巴黎皇家科学院成立，法国国王对此饶有兴趣。这个备受国王喜爱的学会对会员人数有严格的限制，且其会员由国家任命并支付会员薪酬，会员必须从事利于国家利益的研究。

路易十四是自抬身价的专家，他利用对科学的投入来吹嘘自己的伟大。在路易十四委托完成的精美绝伦的宣传画上（如右图所示），

《动物的自然史》卷首插画中，路易十四在凡尔赛宫里。他的身边布满各种科学研究的仪器。透过窗户，可以看到皇家天文台。

大镜子照射出路易作为太阳王的光辉。透过玻璃窗，还可以看到皇家天文台。画上的访问虽然是虚构的，但英国皇家学会和巴黎皇家科学院的区别是真真切切的。整个 18 世纪，法国的研究偏推测、偏数学，且均以国家利益为导向。英国的自然哲学家们则专注于实验和有利可图的发明创造。图片中路易脚下未展开的地图证明了在隔英吉利海峡相望的英国和法国，培根的格言"知识就是力量"产生的深远影响。

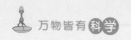
英国皇家学会的五位创始人

——致力于改善物理和数学实验性学习的伟大思想家

罗伯特·波义耳

（1627—1691）

　　直到最近，才首次有英国皇家学会创始会员被称为科学界的英雄，他就是罗伯特·波义耳。波义耳出生于一个富裕的爱尔兰贵族家庭。他发明了气泵、阐释了关于气体的定律、概述了化学中的微粒子模型，因此声名远扬。波义耳对自然世界的探索是为了证实上帝的伟大。他是个虔诚但麻烦缠身的学者。

威廉·布隆克尔

（1620—1684）

　　布隆克尔是英国皇家学会的首任会长，但现已鲜为人知。他出生于爱尔兰贵族家庭，对数学和音乐尤为着迷，提出了几种有效的代数操作方法。但是皇家学会会员选举他做会长是考虑到他与皇室的关联，而非他的学术成就。布隆克尔和胡克等人发生了一些激烈的争执，执掌学会 15 年后，他被排挤出局。

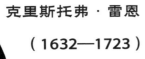

克里斯托弗·雷恩

（1632—1723）

雷恩是位极有天赋的制图师。对比他在建筑领域获得的名声，雷恩对科学实验和天文学的热情显得黯淡无光。雷恩设计出格林尼治天文台，25 岁就被伦敦格雷沙姆学院聘为天文学教授。他还是学会最年轻最热心的创始会员之一，在 1680 至 1682 年期间担任学会会长。

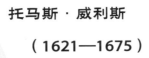

托马斯·威利斯

（1621—1675）

威利斯在牛津大学学医，后来成为医学教授。作为一名出色的神经解剖学家以及威廉·哈维血液循环说早期的信奉者，威利斯证明了大脑和神经系统在人类活动方面发挥着重要作用。现在，越来越多的人认为他是重要的科学创新者。

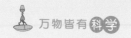
罗伯特·胡克

（1635—1703）

胡克是皇家学会第一位实验管理员。起初，他有些被边缘化。现在，有天赋但脾气很差的胡克已被公认为科学理论和实践的关键推动者。他提出了弹性定律，描绘了显微镜下的昆虫和植物，参与发明了第一台真空气泵以及许多其他精密的工具。此外，他在伦敦遭受大火后的灾后重建中发挥了重要作用。胡克的自画像没有留存下来，因此这里只展示了他的作品《显微图谱》中的插图。画上有螨虫、形似螃蟹的昆虫，以及书蛀虫。

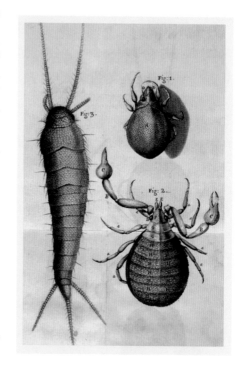

科学故事：

1706 年弗朗西斯·豪克斯比的电光表演

几年前，一位博士生邀请剑桥大学的一位老师一起体验了 18 世纪早期的实验。他们坐在一间没有暖气的屋子里，抱着一个用那个年代的工具制成的实验装置。老师的任务是尽可能快地转动一个把手，后来老师实在太累了，速度慢下来了。这时，他们发现了早期实验者提及的现象：紫色和绿色的光在玻璃球内奇妙地摇曳着。他们激动极了，想象着在没有电、需要靠蜡烛和油灯照明的年代，这个实验结果多么令人惊奇。

弗朗西斯·豪克斯比是最早展示这种气体辉光的人。他曾是一个布商，后获得牛顿的青睐，被任命为皇家学会实验室主管。皇家学会大部分会员都不是活跃的科学家，而是富裕的绅士。他们要求看到壮观的实验展示，这样他们才觉得支付的会费价有所值。豪克斯比的职责便是负责安排每周的科学实验表演。

豪克斯比主要研究气泵。这种装置可以抽走空气，制造一个近真空环境。一次表演中，他向人们展示说明：一小块发光的磷，哪怕是在接近真空的环境下，仍能继续发出辉光。当他听说摇动气压计能使水银上方的玻璃管内产生神秘的光亮时，豪克斯比决定深入研究，一探究竟。

很快，豪克斯比就设计出一场绝妙的表演，令皇家学会会员叹为观止。受磨刀机旋转轮的启发，他制造出一个可旋转的空心球体，转速不是很快，和人工转动把手的速度差不多。他将双手放在球上，球内的气

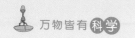

体发出光亮。豪克斯比当时还没有意识到，他发明了第一台产生静电的机器。

另一个放弃本职工作，转而从事科学实验的是一名来自坎特伯雷的染工，名叫史蒂芬·格雷。他带来了更引人注目的静电表演。格雷想弄清楚电荷是怎么从一个地方传导到另一个地方的，在此过程中，他变得越来越有野心。一开始他只是在自己的房间里悬挂长长的电线做实验，后来，他将电线缠绕到乐于助人的学会会员们的庄园。格雷执迷于找到可能影响电荷传导的物体，为此他做了很多尝试，包括肥皂泡、烧红的金属棒、牛脊肉、地图、雨伞等。

和豪克斯比一样，格雷也将自己探索性的实验工作变成戏剧性的表

一场令人惊艳的静电表演。

演。他选用了几条结实的布条，将一个小孩水平悬挂在天花板上。为了营造神秘的气氛，整个房间都是黑漆漆的，没有光线。他用一根带电的玻璃棒触碰小孩的身体，只要玻璃棒碰到小孩，就会产生电火花，发出吱吱声。随即，细小的羽毛和黄铜屑在空中飞舞起来，被吸附到小孩伸展的手上和面部。

几年之内，欧洲各地的表演者都用这个神奇的小把戏逗乐演讲活动的观众和宴会上的客人。把带电玻璃棒制成魔术师的魔法棒的模样，电学实验者就可以说自己具备超能力了。一位热心的评论者说："这是为天使设计的表演，而不是为人类。"

第6节 人类历史上的大飞跃

这一节将讲述历史学家心目中的历史性大飞跃。

食肉让我们不同

📍 非洲，大约 250 万年前

圣母大学
菲利普·费尔南德兹-阿迈斯托教授

食肉属性

　　我并不觉得人类进步有什么大不了的，但是如果你拿着一把枪指着我的头，告诉我必须想出一个人类历史上体现进化优势的方面，我会告诉你，所有灵长目动物中，人类祖先较早开始食肉这一点非常重要。吃肉可以帮你获取脂肪和蛋白质；而在非肉类食物源中，是很难获得这些成分的。此外，尽管最早开始食肉的人类通常而言是食腐者，但从长远来看，正是食肉属性让人类走上打猎的道路。

　　打猎帮助人类培养预判能力。作为猎人，你应该有能力看清楚目标，判断树木和山丘后躲着什么。我认为，这种预判能力还在无意间造就了人类的另一种能力——想象力。正因为有了想象力，人类才比其他物种更有可能孕育出众多令人惊奇的文化。原始人类的特征有别于当时的动物，其中重要的一点是人类拥有想象力，而人类的想象力又是在预判能力中孕育。因此，人类能力的形成和发展从某种意义上讲，都可追溯至人类食肉属性的形成。

　　目前，人们普遍认为人类的食肉行为大概始于 250 万年前。我们也说不清人类为什么开始食肉，为什么开始有意识地锻炼预判能力。但我猜测这是人类进化的必然结果，因为人类和当时其他敌对的物种相比，

并没有什么优势。

实际上原始人类有不少短板，比如行动迟缓、身手不敏捷、只有一个胃、牙齿不够锋利、没有尾巴等。原始人类似乎在所有方面都不占优势，因此，相比其他类似物种，人类更需要具备强大的预判能力。

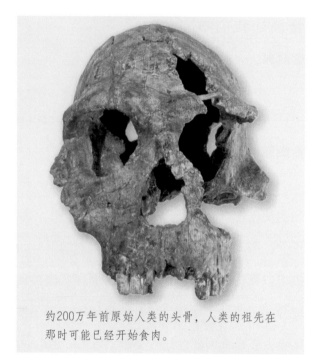

约200万年前原始人类的头骨，人类的祖先在那时可能已经开始食肉。

公民获得控制权

📍 古希腊，公元前 7 世纪

剑桥大学
保罗·卡特莱奇教授

政治先锋

古希腊人提出公民的概念，认为公民可以在政治平等的基础上，一起就共同关切的事情做决策。我们可能不清楚最早期的政治家是谁，但我们知道的是，早在公元前600年，希腊克里特岛上的德雷罗小城就出现过公众集会，他们一起讨论并通过一些决议，要求所有人遵守。那时候，政治应该已经形成了。

如果没有公民、国家及随之而来的政治事务和政治程序的诞生，民主就无从谈起。现在，政治体系已有了很多形式，但大多是罗马式政治。其实"政治"的概念最早是由古希腊人提出的，他们认为人们能聚集起来共同做决策，不是因为神权，而是因为他们的公民身份。

公元前5世纪，在会议中交谈的希腊人。

人人都能发言

📍 **古希腊，公元前 507 年**

纽卡斯尔大学
彼得·琼斯教授

民主

公元前 507 年，雅典政治家克里斯提尼提出民主这一说法。接下来的一百年里，在雅典和希腊的其他地区，民主发展为一种比较激进的制度，所有年满 18 周岁的男性都可以为他们国家的运行出谋划策。结果，政治家一说无从谈起。即便是伯里克利这样著名的政客，在公众集会时，他的言论也毫无权威可言。他能做的不过是设法说服他人，让人们接受

他的观点。如果遇到不认同他的人，他将遭到无情的拒绝。

雅典的民主政治饱受争议，但我认为它相当成功。它运行了 180 年，直到公元前 302 年被马其顿人破坏。尽管有人指责这种民主像暴民在统治国家，但雅典人能欣然接受。我相信雅典人特别擅长做出明智的决定，举例来说，他们本可以做任何决策，例如要求给每个人几袋金子并享有终生的抚恤金，但他们并没有这么做。

现代的"民主"应追溯至雅典。英国采用的是选举式寡头政治，即人民选举出 650 位国会议员，由他们代表人民做决定。选举式寡头政治本身没有什么问题，但是我希望不要称之为民主。我认为相比现在，雅典人的尝试卓越非凡，更有效，更有吸引力。

看见世界的真面目

📍 罗马帝国，公元 150 年

伦敦玛丽女王大学
杰里·布罗顿教授

托勒密的《地理学》

大约公元 150 年，托勒密在埃及亚历山大图书馆工作。在这个储藏希腊学问的圣地，托勒密著成了《地理学》。这本著作中明确了地理学的定义，还提出绘制世界地图的原则。书中并没有地图，但对世界进行了地理描述，解释了该如何绘制地图，帮助学者们绘出了第一幅世界地图。

有意思的是，这本书最开始并未被广泛接受。当时处于希腊化晚期和早期基督教时期，基督教徒们对《地理学》用抽象的几何数学概念解释世界地图绘制的方法并没有什么兴趣，反倒是阿拉伯人让托勒密的作品得以流传。直到 14 世纪，托勒密的《地理学》才在意大利再次出现。文艺复兴时期的地理学家修订了《地理学》，并应用托勒密提出的原则，尝试绘制世界地图。这本书还得到一些航海家的推崇，例如克里斯托弗·哥伦布，以及瓦斯科·达·伽马。

托勒密被称为地理之父。在长达 1500 年的时间里，很多地理研究都围绕他转。现代地图的绘制也参考了托勒密提出的地图投影法。从一定程度上看，托勒密的《地理学》是古典版的谷歌地图。谷歌为我们提供工具，显示我们想看的任何地方，例如我们的家、我们的城市，或是我们的国家。事实上，托勒密做的也是这些。有了《地理学》这个工具，人们就可以了解自己在这个世界上的位置。我认为，这就是托勒密的伟大之处。

图解拉丁文版本托勒密《地理学》的世界地图。

教会大众阅读

📍 法国，1199 年

利兹大学
罗伯特·D.布莱克教授

维勒迪厄的亚历山大《教义》

整个中世纪到现代的早期，读写能力一直和拉丁文息息相关。但是，直到 12 世纪末期，拉丁文的教学方法仍然十分复杂耗时，学生们要年复一年朗读和背诵拉丁文本。这种体制只适合神职人员中的精英。

后来，法国出现了一位叫亚历山大的文法教师。他曾经给法国北部一个主教的侄子们当家教。亚历山大发现了拉丁文学习的捷径，学生只需要遵守几个简单的规则，依照章节书写，就可以轻松地记住拉丁文。一次，主教问侄子们的拉丁文学得怎么样了，孩子们就引用了老师教给他们的几小节内容。主教觉得这个方法不错，于是鼓励亚历山大写出完整的文法规律。

早期（14—15世纪）的意大利学生在阅读。

这本书就是《教义》，是中世纪最畅销的图书之一。它的影响力和使用范围涵盖整个欧洲。在简化了的拉丁文教学方法的推动下，大众读写能力运动轰轰烈烈展开。这种全新的教学模式效率高，也更适合普通信徒，满足他们的志向、计划和专业需求。因此，可以说《教义》为更广泛的大众教育奠定了坚实的基础。

法律的胜利

⊚ 英格兰，1215 年

伦敦国王学院
大卫·卡朋特教授

《英格兰大宪章》

《英格兰大宪章》首次提出统治者也要遵守法律，这是英国史乃至世界史上的转折点。它成为专治统治和专治王权的一大障碍，正是这项根本性的原则引起了整个时代的共鸣。17 世纪，在英国国会与查尔斯的斗争中，《英格兰大宪章》发挥着重要的作用；对美国宪法奠基者而言，它同样至关重要；当然，直到今天，它依然影响深远。

大宪章制定之前，随着社会变得越来越有凝聚力，人们的社区意识增强。慢慢地出现了一些政见，例如，统治者不应只顾及自身利益，而应为了全社会的利益遵守法律。这一观点的提出与当时的王权有关。王室从英格兰攫取了大量财富，但在和平和正义方面却是少有付出。

约翰国王成了导火索。1204 年，英格兰失去了诺曼底地区，因此约

翰国王耗费数年时间和大量财力，想要收复诺曼底。但1214年，他失败了。财富耗尽的约翰成为众矢之的。此外，他还是个刽子手，是玩弄女性的好色之徒。人们对他心生憎恨，最终在1215年发起了反抗。

约翰国王拒绝执行大宪章的条例，因此爆发了内战，由此可见大宪章的重要性。约翰死于1216年，他儿子领导的少数派政府发现，他们赢得战争和确保和平的唯一方法就是重新颁布大宪章。整个13世纪，大宪章被不断引用，成为公正和法治的检验标准。

颠覆天文学旧理论

📍 意大利，1609 年

开放大学
科林·罗素教授

伽利略利用望远镜探测行星

当伽利略成为将望远镜指向天空的第一人，人们对世界的看法开始发生改变。他得出许多关于太阳、月球、行星的新发现，这些和过去的理论格格不入。旧理论认为地球以外的天空是不变且完美的。伽利略的新发现有力地支撑了哥白尼提出的日心说，而此前这一新颖的观点一直遭受人们的抨击。

1632年，伽利略发表了具有争议的作品《关于两大世界系统的对话》，极大地推动了哥白尼学说的建立。这部作品还导致罗马天主教堂对伽利略的审判和控告。伽利略批判的旧系统与《圣经》的说法一致，因此得到教会全力支持，几百年以来从未改变。但是《圣经》的内容（除非解读有误）同样与哥白尼学说吻合。1615 年，伽利略在信中就承认了这一点。但是哥白尼学说的科学依据到 1838 年才被发现！审判中，伽利略被判有罪。直到 20 世纪，梵蒂冈才认同伽利略。

佛罗伦萨的伽利略博物馆里展示了伽利略用过的科学仪器，包括他的望远镜。

解释身体运行机制

⊙ 英格兰，1628 年

牛津大学
艾伦·查普曼教授

威廉·哈维揭秘血液循环

似乎人们早就认为血液在体内循环，但实际上这一现象直到 1628 年才被发现。在此之前，人们认为肝脏将人体吸收的食物转化为血液，然后血液流入心脏受热后，涌向静脉，而非动脉。因此，莎士比亚等人会写道，"血液穿过静脉"，而不是血液穿过动脉。

威廉·哈维是詹姆斯一世时期的医师。对胸腔管道进行深入细致的

研究后，哈维发现心脏并未加热血液，而是将血液输入动脉。哈维通过法布里修斯了解到静脉的单向活瓣结构，意识到静脉帮助血液回流至心脏，完成循环。哈维一直在显微镜前钻研，他不明白血液是怎样从动脉流到静脉。于是他大胆猜测，可能是有些小到看不见的微型血管在起作用。他的猜测完全正确，这些微型血管就是我们所说的毛细血管。

这一发现意义重大。自此，医学取得了许多突破。我认为血液循环说功不可没，没有它，很多领域甚至都不会产生。如果不了解血液循环，现代手术无法开展，静脉注射也不太可能。如果不知道血液由心脏输送至全身，恐怕现代医学很难有其他大发现。

1628 年，哈维出版作品《心血运动论》，阐释血液循环说。可能你觉得会有数不清的病人涌向哈维医生，但事实上，这差点儿毁掉了哈维的从医生涯。那时候，医生都很保守，少有创新之举，因为创新是庸医的行为。优秀的医生应当遵从前辈教授的技艺，为病人诊断开药。所以，这个史上最重大的医学发现竟然让哈维深陷财务困境。

开启科学时代

📍 英格兰，1660 年

剑桥大学

帕特丽西雅·法拉教授

皇家学会的成立

查理二世重获王权后，几个在牛津工作的绅士回到伦敦，并决定成立一个学会，开展实验研究。这是欧洲历史上首个全国性的科学学会，尽管它看上去有点像绅士俱乐部，但人们确实可以聚在一起做实验、做研究、讨论新想法、搜集数据等等。几年后，巴黎也成立了一个类似的学会，之后它们在欧洲遍地开花。

专注于科学研究的学会至关重要。历史学家应该用更多笔墨记录科学怎样赋能，而不是只关注伟大的成就。很多科技史都是关于牛顿和达尔文等巨人，而较少关注研究机构。在我看来，最重要的问题是弄清楚科学是怎样成为当今社会必不可少的一部分的。我认为皇家学会为现代科学的发展奠定了坚实的制度基础。

1660年，皇家学会在格雷沙姆学院正式成立。

人类认知的微观革命

📍 欧洲，17 世纪

科技史博物馆
吉姆·班内特教授

发现微型生物

解释事物属性时，我们应该透过事物表象，观察其微观层面，这是

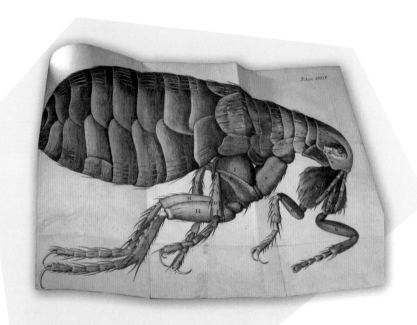

在罗伯特·胡克的著作《显微图谱》中，个头极小的跳蚤看上去也十分庞大。

现代科学中基本并且理所当然的做法，而且这种做法由来已久。

显微镜最早出现在 17 世纪早期。起初，它只是在集市上待售的玩具。尽管显微镜可以让你看清一些微生物，但它还不能帮你了解自然世界。人们也不会认为需要依赖显微镜来解释这个世界。但是，显微镜这项技术让人们相信有办法了解微生物，而不再仅凭推测。当然，人们的经验也可以加分。

17 世纪中后期，一种新的解释模型认为存在微观的世界。《显微图谱》的作者罗伯特·胡克便是主要拥护者之一。他清楚地解释道，微观世界有点像时钟的内部，有很多弹簧和齿轮。既然人们可以拆解时钟，那么他们也可以"拆开"真实的微观世界，看看世界如何运作。要做到这一点，人们需要借助越来越强大的显微镜。我们一直坚信可以用微观解释宏观，我们现在获得的这些成就，确实有很多得益于 17 世纪的这项科学进步。

驱动现代社会

⊙ 英国，18 世纪

埃克塞特大学
杰里米·布莱克教授

蒸汽机的改良

最开始，著名的托马斯·纽可曼发明了固定蒸汽发动机。接着，詹姆斯·瓦特提高了它发电的效率和容量。之后，因为乔治·史蒂芬孙，固定蒸汽发动机演变为蒸汽机车。

蒸汽机帮助人们打破了当时能源使用方面的制约，推动人类社会全方位发展，现在我们知道工业革命给环境带来了不利影响，但如果没有蒸汽机，我们仍将受制于低水平的制造、能源和通信系统，生活也将变得截然不同。

蒸汽动力的长远影响涉及现代生活的方方面面。它证明了人类有能力加速改善现有事物，打破各种束缚，而其他物种只能受自然的约束。

相比其他物种，在语言、集体协作能力和等级制度等组织结构方面，人类并没有明显的优势。但人类最终脱颖而出，走向了完全不同的道路——其实正是蒸汽机开启了这段旅程。

史蒂芬孙发明的机车头的早期照片。

第二章

对世界的探索

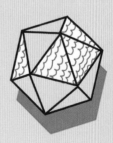

第1节 现代地理先驱托勒密

从哥伦布的远航到谷歌地球应用程序，我们对地球
的了解大部分归功于一位卓越的学者——托勒密。

谁创立了地理学科？不论将这个问题抛给哪位地理学者，他大概都会回答：托勒密。托勒密生活在公元 2 世纪的埃及亚历山大，其著作《地理学》解释了绘制地图的方法，确定了全世界范围内超过 8000 个地名。

接下来的 1500 年里，为了描绘世界的形状和规模，几乎所有制图者将托勒密的《地理学》奉为权威。哥伦布和麦哲伦也都参考了托勒密的学说，各自登上了远洋探索之旅。到了 16 世纪，虽然杰拉德·墨卡托和亚伯拉罕·奥特利乌斯等绘图者都意识到托勒密地理学说的局限性，但还是以托勒密的方法绘制地图，向他致敬，并认定他为"现代地理先驱"。

时至今日，托勒密地图投影法的基本原则仍被沿用，例如谷歌地球应用程序采用的投影法便是由托勒密发明的。不过，托勒密的生活和他的研究方法依旧是未解之谜。人们对他有限的了解均来自拜占庭帝国留下的史料。托勒密生于埃及托勒密王朝时期，当时埃及处在罗马帝国的统治之下。

地球的环形路线

托勒密曾在建于公元前 3 世纪的埃及亚历山大图书馆工作。图书馆藏书甚多，包括希腊罗马时期的数千份手稿。不少伟大的学者都曾在亚历山大图书馆工作，例如数学家欧几里得、物理学家阿基米德、诗人卡利马科斯等。埃拉托色尼是亚历山大图书馆最早期的管理员之一。到了

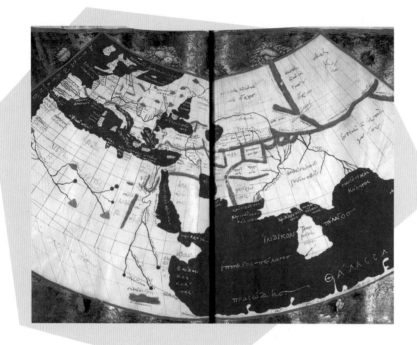

根据托勒密《地理学》绘制的15世纪的世界地图。

托勒密所处的年代，图书馆及其代表的希腊文化走向没落。图书馆遭战争破坏，馆藏书籍被忽视和洗劫。对托勒密而言，衰落给他带来了特殊的机遇，他开始总结数千年来的希腊地理知识。依靠图书馆尚存的资源，托勒密编著了《地理学》，向世人展示世界是一个独立且延续的实体，为人们研究世界的形状、规模及相对位置提供便利。

古希腊人一直都通过实体媒介绘制地图，例如木板、石头、青铜制品等，地图因此被希腊人称为"pinax"（指在不同物品上刻上文字或图画）。几个世纪以来，关于这些地图的论述通常都被冠名"地球的环形路线"。荷马在《奥德赛》中提出地球是扁圆、被水围绕的。到了公元前5世纪，毕达哥拉斯和巴门尼德得出结论：如果宇宙是球体，那么地球应该也是个球体。

柏拉图在《斐多》中写到地球是"圆的，是宇宙的中心"，"美得让人难以置信"，是完美的球体。亚里士多德认同柏拉图的观点，并进一步强调了气候带的信息，希望他的信徒们能够为经线和纬线建立起学术概念。借助天文学和几何学知识，他们拼凑出当时世界的地图。在他们看来，世界就是"有人居住的地方"。尽管这些地图都已不复存在，但亚里士多德的学生，来自意大利墨西拿的狄凯阿科斯在公元前326年到公元前296年间对世界地图展开了重构工作。重构的地图说明古希腊人很早就开始了解世界的规模，并绘制了一个以意大利罗兹岛为中心的世界。

托勒密借鉴了不少关于世界规模的准确计算结果，其中就包括埃拉托色尼的一些成果。埃拉托色尼借助日晷，在夏至日测量出阿斯旺和亚历山大两地正午时分的太阳角度。他认为这两个地方在同一条经线上，相距740千米至925千米。经计算，这两地之间的角度是圆周角的五十分之一，即7.2度。埃拉托色尼因此得出结论，地球的周长在3.7万到4.6万千米之间。现在我们知道赤道的周长是40075千米，由此可见，他的计算在当时已是相当精准的。

从越南到加那利群岛

托勒密撰写《地理学》时整合了希腊地理知识，在世界地图上绘制了经线和纬线构成的几何网络。相比旅行者们不靠谱的道听途说，托勒密更相信数学运算的结果。他认为地理是"通过绘制世界的全部已知部分及在广义上与它相关的事物所进行的一种模仿"。根据巴比伦六十进制，托勒密把地球周长分为360度，而已知的世界地图自西向东伸展177度，涵盖加那利群岛至卡蒂加拉（位于现代越南）的区域。世界地图的宽度大概是其长度的一半，从图勒（如今的冰岛，赤道以北63度）延伸到阿吉斯孟巴（如今的乍得，赤道以南16度），纬度范围共计79度。

但是，这种延伸方式加大了将球体的曲面投射到平面的难度。托勒密深知，用地图投影法呈现地球，总会有些失真。因此，他借鉴了欧几里得几何学知识，

狄凯阿科斯重构的世界地图。

这幅深入人心的天文学寓言图片选自《哲学珍宝》。画中，天文学缪斯指引着头戴皇冠的托勒密。

采用两种方法绘制世界地图。第一种是圆锥投影法，所有经线被绘制成直线，最后汇聚于一个想象中的地点，位于北极以外。纬线则是长度各异的同心圆弧。托勒密解释道，只要使用摆动尺并参考《地理学》中关于经线和纬线的图表，任何人都可画出世界地图。

托勒密承认圆锥投影法有其局限性。在球体上，赤道以南的纬线是变短的；但托勒密的投影图上，它们的长度是增加的。于是，托勒密在

赤道处，将经线从一条直线变成形成锐角的两条直线。希腊人接受了这个做法，他们认为地球上可居住的尽头就在撒哈拉的某地。直到15世纪，当航海员们航行到非洲海岸时，才发现这种地图的缺陷。

第二种投影法是将经线和纬线与球体的曲面成比例地画成弧线。这种方法更为复杂，托勒密承认它更难投影出地图，原因是即便有摆动尺的辅助，也很难画出有弧度的经线。

托勒密为后人们提供了制图工具和地名词典。人们可以无限制地扩展地名词典，并根据新数据不断更新世界地图。

绘制未来

托勒密地图投影法的成功还有一个令人惊讶的原因。现存最早的绘有地图的《地理学》手稿来自12世纪晚期的拜占庭帝国。并没有有力证据证明托勒密亲自绘制出世界地图，可能他所做的只是运用一系列数字和图表，将地理信息转化为数字形式，以便未来的地图绘制者修改。考虑到这一点，也许我们可以称托勒密为第一位数字地理学家。

看到托勒密推算绘制的世界地图，哥伦布和麦哲伦才坚信可以从西方出发到达东方。如果不是托勒密计算错误，将地球周长少估算了近1万千米，他们可能永远不会开启令人望而生畏的远航，那么地理大发现时代也可能大为不同。

第2节 天文学简史

本小节将讲述过去 5000 年人们对太空的认知是如何演变的。

德鲁伊教在巨石阵内庆祝夏至（1983年）。

时间和方位

巨石阵的夏至日日出非常有标志性，吸引了众多新纪元运动的追随者和现代德鲁伊教徒蜂拥而至，欣赏朝阳从脚跟石后方升起的盛景。然而，最新的研究表明，德鲁伊教徒的古代先辈们会在冬至日来这里欣赏日落。无论是哪一种说法，都说明巨石阵和这两个节气有关。

秘鲁长基罗考古遗址整齐排列的13座天文塔台更加令人印象深刻，其历史可追溯至公元前300年。每座塔台都有观测点，并标记了全年太阳升起的位置。然而，在无文字记录的文明时期，人们不但要靠天文观测记录时间，还需要靠其辨识方位，波利尼亚人从夏威夷出发前往7000千米外的新西兰，沿途没有陆地作为路标，他们只能通过观察星象确定前进方向！

地球的一面镜子

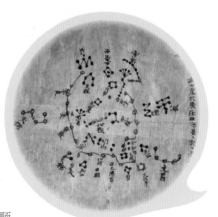

公元700年，中国天文学家从北半球观测天空画出的星图。

中国天文学家最先精确记录天空。他们把天空视作地球的一面镜子，天空中的星辰则代表中国的不同地区。古人认为，如果星图中的某颗星辰爆炸，就预示着与它所对应的地区会发生叛乱。

早在公元前 240 年，中国天文学家就对哈雷彗星有记载，这是有关哈雷彗星的最早已知记录；1054 年，中国史书中出现了超新星的记载，蟹状星云就是那颗超新星爆发的遗迹。

为诸天体排序

古希腊哲学家毕达哥拉斯是最早质疑 "地平说" 这一曾经普遍为人们所接受的观点的人之一。公元前 6 世纪，他依据月食期间地球投向月球的阴影形状，提出地球一定是一个球体。又过了 200 多年，阿里斯塔克提出地球绕着太阳转，然

毕达哥拉斯提出地球是一个球体。

而他的想法并未被当时的人们理解。随后，托勒密成为那个让古希腊人对天文学产生最为深远的影响的人。大约在公元 150 年，他提出行星循着称为本轮的小圆运行，而本轮的中心循着称为均轮的大圆绕地球运行。他的理论在接下来的 1400 年里没有受到质疑。

地球在动

1543 年，人类的宇宙观发生了颠覆性的变化，因为当时波兰教士尼

17世纪，安德烈亚斯·塞拉里乌斯在星图中所绘的哥白尼日心说体系。
在该图中，太阳出现在宇宙的中心位置。

古拉·哥白尼的著作出版，书中提出地球并不是宇宙的中心。它只是一颗围绕太阳运行的行星。哥白尼早在30多年前就得出了这一结论，但他一直没有告诉别人。1610年，当意大利帕多瓦的伽利略用他的望远镜观测天空时，哥白尼书中的结论才得到证实。

伽利略发现木星有四颗卫星相伴，并观测到金星的相位变化，这都表明地球一定是绕着太阳转。教会禁止人们传播伽利略的书，但从那时起，已没有人再质疑"地球已从宇宙中心退位"的观点。

万物有引力

1665 年，剑桥大学为了预防伦敦大瘟疫而关闭，于是牛顿回到了林肯郡的伍尔索普庄园（他的家），在那里他创立了万有引力定律。该定律表明，宇宙中的任何物体之间都存在着相互吸引力。但直到爱德蒙·哈雷说服了他，他才发表与该定律相关的论文。哈雷运用牛顿的万有引力定律推算出，1531 年、1607 年和 1682 年出现的彗星其实是同一颗。也正是依据万有引力定律，哈雷预测这颗彗星将于 1758 年再次出现。于是，这颗彗星被命名为哈雷彗星。

1759年法国天文学家卡西尼三世在巴黎观测哈雷彗星的版画。

新世界

1781 年 3 月 13 日，居住在巴斯的德国业余天文学家威廉·赫舍尔发现了一颗新奇的星体，使太阳系的规模扩大了一倍。事实证明，这是

一颗行星，它到太阳的距离是土星到太阳距离的两倍。赫舍尔想以英国国王乔治三世的名字将其命名为乔治亚行星，但最后国际社会觉得这颗行星应该叫天王星。几十年后，天文学家发现，天王星受到了更遥远行星的引力吸引，这也帮助人们在1846年发现海王星。1930年，人们发现了冥王星。最初冥王星被视作行星，但2006年，其行星地位史无前例地被剥夺了。

天文学家威廉·赫舍尔。

恒星的能量

1835年，法国实证主义哲学家奥古斯特·孔德写道："我们永远都不可能以任何方式研究恒星的化学成分。"但是仅仅过了二十年，德国化学家古斯塔夫·基希霍夫和罗伯特·本森就证明了该说法存在问题。通过比较太阳光谱中的暗线与氢、铁等元素的实验室光谱，他们成功地确定了太阳包含的元素。

20世纪20年代，英国天文学家塞西莉亚·佩恩计算出这些元素的相

女性天文学家塞西莉亚·佩恩。

对比例，并证明宇宙大部分是由氢构成的。因此，人们认为恒星就如同缓慢释放能量的氢弹。天体物理学家弗雷德·霍伊尔阐明了恒星中元素形成的过程。按照霍伊尔的理解，你婚戒中的金元素不过就是恒星爆炸的产物。

宇宙大爆炸

20 世纪 20 年代，美国天文学家埃德温·哈勃和米尔顿·赫马森发现星系正在互相远离。比利时神父乔治·勒迈特提出，宇宙诞生于一个爆炸的"原始原子"中，它正在膨胀。这个过程也就是我们现在说的"宇宙大爆炸"。

描绘大爆炸大致样貌的数码图片。

1965 年，美国科学家亚诺·彭齐亚斯和罗伯特·威尔逊发现了宇宙大爆炸的余晖——宇宙微波背景辐射，"宇宙大爆炸"理论因此得到证明。

黑且闪耀

1942 年 2 月，英国陆军科学家斯坦利·海伊感到困惑不已。他被一个看似来自德国雷达干扰的神秘无线电信号困扰，但它的信号源一直在天空中移动位置。后来，海伊意识到射线来自太阳，并开创了射电天文学。

模拟黑洞周围的大旋涡。

从那时起，射电天文学家发现了高密度的球体——脉冲星。它只有一个城市那么大的规模，质量却和太阳一样大。他们还发现了巨大的黑洞。这些宇宙怪物和十亿个太阳一样重，并且它们的引力非常强大，以至于光都无法逃脱。恒星上的气体绕黑洞旋转时，发出的光芒如同数百个星系在闪烁耀眼的旋涡中那般明亮，而这个大旋涡则被天文学家称为类星体。

寻找生命

宇宙中只有一个地方我们能确定生命确实存在，那就是地球。天文学的下一个突破可能是在另一个星球上发现生命。

1976 年，美国国家航空航天局发射了"海盗号"探测器，启动"标签释放"实验。据其探测，火星可能是微生物的家园。太阳系中其他可能存在生命的栖息地包括：被冰雪覆盖的木卫二和土卫二，以及云雾环绕的土卫六。

宇宙空间很大，说不准哪个星体上就存在着生命迹象。毕竟，到今天为止，我们发现有 4000 多个行星环绕着其他恒星。2007 年，为了探测那些从细菌进化为智慧生命的外星人所发出的无线电信号，"寻找外星智慧生命"计划的科学家们在加利福尼亚布置了一个巨大的新型接收器——艾伦望远镜阵列。

科学故事：

1781 年威廉·赫舍尔发现新行星

尽管1959年查尔斯·斯诺提出科学家与人文知识分子之间存在鸿沟，但两个世纪前的诗人已能完全察觉到最新的科学发现。一天晚上小酌时，医学生约翰·济慈谈到了荷马写下的著名诗句，"我的情感犹如一位发现新星的天文学家"。诗句中提及的就是天文学家威廉·赫舍尔。他发现了第七颗行星，即天王星，也因此扩充了太阳系的规模。

历史学家喜欢将各种发现固定在确切的时间和地点，但就发现新星而言，这根本不切实际。此前，人们就曾多次发现过天王星，但一直认为它是一颗恒星。1781 年，赫舍尔观察到这颗被编号为"34 Tauri"的星体飞过天空，并指出它是一颗彗星。即使其他专家早已认定它是颗行星，赫舍尔仍认为它是彗星。1783 年，因为发现天王星，赫舍尔获得了国王奖励的年薪并被邀请访问温莎。

也许是为了讨好国王乔治三世，赫舍尔将他发现的行星命名为乔治亚行星，但是欧洲天文学家不太赞成这种命名。直到1850 年，英国当局才最终采纳了德国人的提议，将其命名为天王星。

赫舍尔是来自汉诺威的移民。观察天王星的那段日子里，他在巴斯靠音乐谋生。赫舍尔察觉到自己对天文学更有热情，便将毕生的精力投入其中。赫舍尔还强迫妹妹卡罗琳放弃她的音乐事业，担任自己的助手。他们的成功离不开艰苦卓绝的工作，以及一架超级大型的望远镜。这架大型望远镜可以收集充足的光线，观测到远方的小物体。

工匠们经常让自己的女儿或妻子帮忙经营家族生意，而赫舍尔家族却发展了极为密切的合作关系。白天，卡罗琳负责抛光镜面，计算数据

赫舍尔和妹妹卡罗琳站在他们发明的望远镜旁边。

和编制目录。晚上，她会带着咖啡，帮助观测者在黑暗和寒冷的环境中保持清醒。

赫舍尔获得了源源不断的奖项，卡罗琳却一直默默无闻。直到去世，她才获得赞誉。赫舍尔以发现天王星而著称，卡罗琳则被称为发现新彗星的女性第一人。她平时很少使用和赫舍尔一起发明的大型望远镜，而是用一个小型望远镜耐心地搜罗天空，最终发现了新的彗星。

回顾过去，赫舍尔对待卡罗琳的方式似乎很可怕，但像当时的许多女性一样，卡罗琳坦然接受了这种被压迫的状态。"我什么都不是，我什么也没做。"她写道，"一只训练有素的小狗也可以做这么多事情。"这是一种自我否定的言论，不能轻易地被后人忽视。

1835 年，皇家天文学会授予卡罗琳名誉会员资格，并发表了声明："在任何情况下,对卡罗琳天文学功绩的检验不应该比对男性的更严苛，性别不应该再成为她受到认可的障碍。"

声明里的话在现在看来可能已非常久远，但它表达的情感历久弥新。

第 3 节 月球撼动者

400 多年前，人类第一次用望远镜观测月球。

伽利略的画像，画中加入了
一幅月球图像，图像中明显
能看到这位伟大的天文学家
所发现的山脉和山谷。

400多年前，人类第一次朝着登月这个宏大目标迈进了一大步。从1609年夏天开始，伽利略和其他天文学家不断改进望远镜，并借助这个工具屡获新发现，他们通过天文观测得出的观点甚至撼动了中世纪的主流信仰。在中世纪，人们普遍认为，天空和月球与地球是分隔开的，人类不可能接近它们。

伽利略说："月球并不像许多哲学家所认为的那样完美，它不是一个均匀的球体，它的表面也不是光滑无比。月球的表面很粗糙，凹凸不平，高低起伏。月球上布满了高山和深谷，这一点和地球的表面有着相似之处。"

伽利略为改进望远镜做出了巨大的贡献。望远镜改变了我们对月球以及整个宇宙的认知。当阿波罗号上的宇航员第一次从月球上看到"地球升起"时，人类对地球的认知也发生了变化。

人类把月球想象成另一个适合探索和移民的"新大陆"。从伽利略开始用他的望远镜瞄准天空的那一刻起，人类还只是朝着这个目标迈进了一小步。

1610年3月13日，英国驻威尼斯共和国大使亨利·沃顿爵士给国务卿罗伯特·塞西尔写了一封信，信中附了一本刚刚印出来的小册子，信上写道：

"在此通报詹姆斯一世陛下一件最为怪异的新闻（我可以理直气壮地这么称呼它），没有人在世界上的任何一个角落听闻过此事；随附的小册子（今天早上刚从国外送到）由帕多瓦的一位数学教授所著。该教授改进了佛兰德斯人发明的光学仪器，并借助他的仪器（能将物体放大）看到了木星周围不仅有不为人知的固定恒星，还有 4 颗新行星围绕着它旋转；他还发现银河是由无数颗恒星所组成；最后，他发现月亮不是完美的球体，它的表面凹凸不平……该教授要么会因此声名远扬，要么会变成人们的一个大笑柄。"

将望远镜对准天空

沃顿爵士的信中提到的光学仪器就是望远镜。1608 年 9 月，荷兰人首次明确地公开展示一项新发明。人们透过这个发明的镜片可以看到远处的物体，让人感觉这些东西仿佛就在眼前。这个发明就是望远镜，它被发明的消息很快在欧洲各国流传开了。在荷兰，一些小型望远镜和光学视管不久就得到了实际运用，并于 1609 年夏天传入意大利。

沃顿信中提到的那位帕多瓦的数学教授就是著名学者伽利略·伽利雷。伽利略不断改进望远镜的设计，到 1609 年 8 月底，他的望远镜可以把物体的像放大 9 倍；到那一年的年底，他的望远镜可以把物体的像放大 20 倍。

罗伯特·塞西尔收到的小册子其实是伽利略所著的《星际信使》，里面记载了伽利略在过去三四个月里用望远镜观测到的月球和恒星的情况。与现代科学史上任何其他著作相比，这本薄薄的小册子对我们理解宇宙及人类在宇宙中的地位产生了更直接、更广泛和更深远的影响。伽

利略观测到了围绕木星运行的 4 颗卫星，这无疑是可以震惊世界的发现，也是他不得不急于出版这本小册子的原因。月球的性质与地球的性质相似，这是他的另一项结论，该观点的影响或许更大，至少对于普通老百姓来说是这样子的。

伽利略并不是第一个用望远镜研究天体的人。例如，杰出的英国数学家托马斯·哈里奥特在 1609 年夏天也借助望远镜观测过月球。伽利略与其不同的是他系统地观测了月球经历的至少一个完整的月运周期（从新月，到满月，到残月）。然而，在 1610 年 1 月，伽利略停止了研究地球周围的卫星，因为他观测到 4 颗木星周围的卫星。他现在的主要目标是让众人知道他的这一前所未有的发现。

伽利略不仅对绘制月面图感兴趣，他还有一个更深入的科学计划：证明月球的性质和地球的类似，从而进一步证明天体上的物质和地球上的物质之间没有本质区别。那么他是怎么知道月球上有山脉和山谷的呢？伽利略不能仅凭他用高倍望远镜看到的现象说服众人。他的论证必须更加翔实。

伽利略非常仔细地研究月球上一直在缓慢移动的边界（明暗界线），即月球上明亮部分和黑暗部分的分界线。首先，他认为月球上的明暗界线是一条锯齿状的不规则曲线。他进一步解释道，月亮的黑暗部分出现了许多光斑，这些光斑与月球明亮部分是相互分离的，且相隔甚远。过了一段时间，这些光斑逐渐变大变亮，一两个小时后，它们与逐渐变大的明亮部分融合在一起。伽利略说，这正是地球上会发生的事情：在太

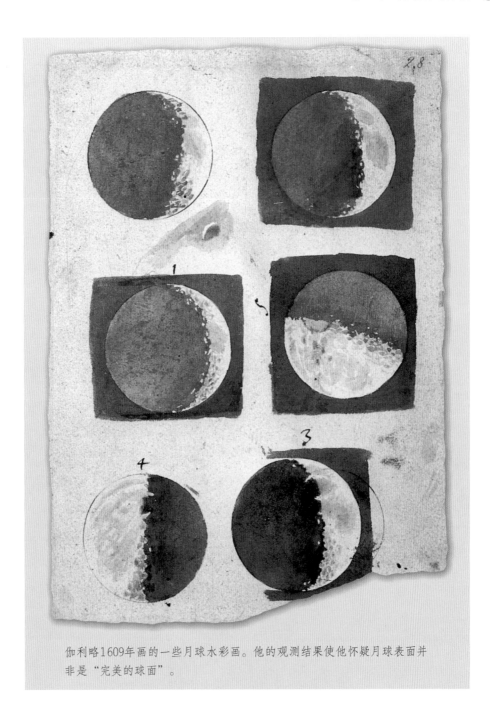

伽利略1609年画的一些月球水彩画。他的观测结果使他怀疑月球表面并非是"完美的球面"。

阳升起之前，当平原还被黑暗笼罩时，高山的顶峰已经被太阳光线照亮，当太阳慢慢升起来时，那些高山的更多部分被照亮了，当太阳最终升起时，平原和高山被照亮的部分就会融合在一起。

伽利略的月球观点对人们的传统认知是一种挑衅，注定会引起一些人的不满。当时，欧洲大学所教授的自然哲学以及人们对自然的理解，在很大程度上仍然以古希腊哲学家亚里士多德的体系为主。亚里士多德曾经说过天体上的自然环境和物质与地球上的有本质区别。

中世纪的经院哲学家们认为，地球位于宇宙中心，静止不动，七大星体以多层同心球的方式环绕地球，每层一个星体，最里面的一层就是月球。月球与地球之间的万物都会生长和衰亡。相反，月球内部和上面的一切都是完美和永恒不变的。包括月球在内的所有天体都是完美的球形，都在完美的圆形轨道上运行。

伽利略用望远镜观测月球以后，得出结论：月球表面崎岖不平。他的这一论述直接向亚里士多德的重要学说发起了挑战。有些学院派哲学家甚至拒绝用望远镜观测天空，例如，伽利略在帕多瓦的同事凯撒·克雷莫尼尼。还有些人试图调整伽利略的结论，例如，他们认为就算月球上确实有山，这些山也被一个完美的球形结构的外层包围着。

17世纪早期，亚里士多德的宇宙学已经备受抨击。知道和讨论尼古拉·哥白尼激进的太阳中心宇宙学的人越来越多。伽利略用望远镜观测天空得到的发现虽然不足以证明哥白尼的理论，但可以肯定的是，二者的观点都让当时占主导地位的亚里士多德的学说备受争议。

然而，当时的人依然强烈质疑地球是运动着的假设，这也是可以理解的，毕竟该假设在当时有悖于常识。伽利略用他的高倍望远镜还发现了4颗卫星绕木星运行，同年晚些时候，他又观测到金星的相位变化。毫无疑问，这两项发现都对专业天文学家产生了巨大的影响。但对普通人来说，月球的性质和地球类似这一发现可能更容易让他们联想到地球和其他行星一起围绕太阳公转。

月球上的山脉

伽利略认为，月球表面和地球的表面一样崎岖多山，这一观点在科学和神学上都具有深远的意义。即使用肉眼观察，也能发现月球有的部分比较亮，有的部分比较暗。正如伽利略本人所述："毕达哥拉斯认为，月球就像另一个地球。如果有人想要让这个古老的观点再次得到承认，那么他可以说月球较亮的部分正好代表陆地的表面，而较暗的部分则代表水面。"

伽利略本人并没有明确说月球上有什么，但是许多读过他著作的人可能会联想到植物和动物，甚至猜测月球上面有人类居住。正如伽利略的教会朋友乔凡尼·恰姆波利在写给他的信中所言，确实有人这样猜测，因为有些人在听了伽利略的月球似地球的观点之后就提出问题："那些月球居民会不会是亚当的后裔，他们会不会是从挪亚方舟下来的？"除此之外，还有很多你做梦可能也想不到的夸张言辞。例如："耶稣基督

会在月球上再一次受难来拯救那里的居民吗？"

很多人不仅在意神学上的条条框框是否受到影响，他们更看重这个新发现是否与地球上正在发生的探索一样让人激动不已：是否能像哥伦布发现新大陆那样，在太阳系中找到有生命存在的新大陆？伽利略被人们比作哥伦布再世，人们甚至觉得他比哥伦布更加伟大。伽利略的名字也经常出现在诗歌当中。

殖民倡议也紧跟其后。"只要想一想新大陆发现之后从美洲获得的乐趣和好处，"约翰·威尔金斯主教鼓励他的读者们，"我们就必须知道，月球上的新大陆会比地球上的新大陆更加神奇。"在接下来的几年里，除了英国人在观测月球，西班牙人、意大利人、荷兰人也依次采取行动。

随着望远镜设计的改进，新一代的月面图制图师出现了。在接下来的近150年里，约翰·赫维留的《月图》几乎成为制图标准。耶稣会会士乔万尼·里乔利的《新天文学大成》建立了基本的现代月球特征系统化命名法。如果没有里乔利，阿波罗号的宇航员可能无法到达月球的静海。

望远镜帮助人类把月球（和天空）带到地球上，并要求人类在研究其他天体和地球时运用统一的物理学知识。如果没有这种统一，牛顿的万有引力和力学理论将很难成立；如果没有这种统一，仅凭在俄耳甫斯神话里和但丁的诗歌里的一些线索，月球的运行轨道也将无法被绘制。通过将望远镜对准月球，人类跨越了凡人世界和灵魂的永恒世界之间的边界。如果没有伽利略的望远镜，人类就不会把月球看成另一个地球，那么阿波罗号上的宇航员也就不可能完成探月计划。

科学故事：
伽利略——全能型巨人

伽利略·伽利雷出生于佛罗伦萨一个家境贫寒但受人尊敬的家庭。他口才好、思维敏捷、心灵手巧。他喜欢喝酒，兜兜转转后决定潜心研究数学。他先是在比萨大学担任数学教授，然后从1592年起，在名气更大的威尼斯帕多瓦大学担任数学教授。接下来的18年是他自称"最快乐的时光"。在这段

伽利略的肖像画。

时间，他致力于运动、磁体和其他许多课题的研究，但当时发表的论文却很少。

然而，他借助望远镜获得的发现为他赢得了国际声誉，托斯卡纳大公国的美第奇家族也因此邀请他回到佛罗伦萨，并担任宫廷"哲学家和首席数学家"。

伽利略很有文化修养，他会弹琵琶，并针对但丁和塔索的作品写过文章。他很会社交，但他在结交朋友的同时也很容易树敌。1616年，

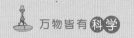

学术圈和教会里的反对者成功地禁止了伽利略所拥护的哥白尼学说的传播。1633年，在伽利略发表了《关于两大世界系统的对话》的一年后，罗马宗教法庭以"有强烈异端邪说嫌疑"为由，对伽利略进行了定罪。伽利略在佛罗伦萨被判终身软禁，他在软禁期间完成并出版的可能是他最伟大的著作《论两种新科学》（1638年），这本书准确地描述了下落物、抛射物和钟摆的运动。

第三章

工业革命

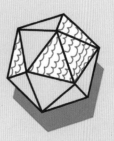

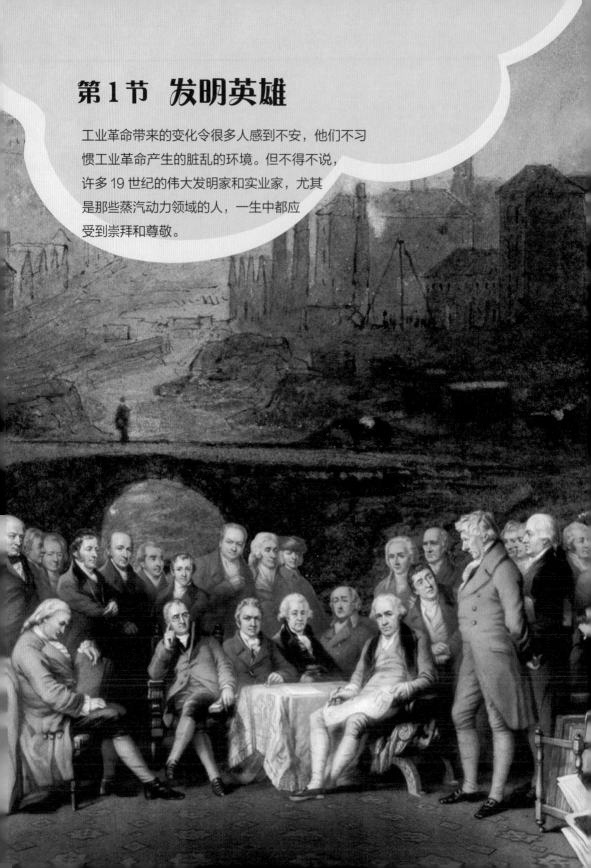

第1节　发明英雄

工业革命带来的变化令很多人感到不安，他们不习惯工业革命产生的脏乱的环境。但不得不说，许多19世纪的伟大发明家和实业家，尤其是那些蒸汽动力领域的人，一生中都应受到崇拜和尊敬。

工业化批评者们的呼声高过了英国人曾经对工业化的欢呼声。

1820 年，英国首相利物浦勋爵向议会表示：英国现在取得的伟大成就应归功于詹姆斯·瓦特、马修·博尔顿和理查·阿克莱特等人。利物浦勋爵能如此说，这着实令人震惊，毕竟他的内阁成员里有第一任威灵顿公爵阿瑟·韦尔斯利，他是滑铁卢战役中的英雄，是国家的宠儿。此外，他的内阁成员里大部分都是地主，这些人还于 1815 年商讨出一个可能损害英国工业的《谷物法》，以此保护英国的农业。然而，这不是利物浦勋爵第一次打破传统思想，意识到这个国家的机械发明和机械将成为国家积累财富和巩固权力的基础。

随后的 1824 年，他在西敏寺发起为 1819 年去世的詹姆斯·瓦特修建纪念碑的捐款活动。在捐款活动上，很多人夸大了蒸汽机的重要性，并称赞蒸汽机的发明者瓦特是拿破仑战争的真正胜利者。就算这些人和利物浦勋爵一样没有客观分析蒸汽动力在英国工业中的重要性，但他们的话至少表明，他们意识到了

格拉斯哥的詹姆斯·瓦特雕像。到1834年，格拉斯哥拥有三座瓦特雕像。

英国经济正在发生重大变化，也认识到了蒸汽动力在惠灵顿战役中发挥的作用。从他们在西敏寺的贵族坟墓群中为瓦特建造巨型雕像，到《1832年改革法案》出台，都说明蒸汽动力让英国发生了翻天覆地的变化，贵族掌权的制度受到了挑战。蒸汽动力还开创了纪念发明家和工程师的传统，比如最近举行的亚伯拉罕·达比诞辰纪念活动和伯明翰的马修·博尔顿诞辰纪念活动。达比是在煤溪谷实现焦炭炼铁工艺的发明家，马修和瓦特在伯明翰开创了蒸汽机事业。

从威廉·布莱克笔下"黑暗的撒旦磨坊"的震撼形象，到阿诺尔德·汤因比命名的"工业革命"，都只是为了谴责工业革命。工业化的批评者们和受害者们对工业革命的斥责声已经高过了英国人的欢呼声。在维多利亚时代的繁荣中，贫困依旧存在，这让第一代专业的经济史学家们感到震惊，他们从亨利·梅休和弗里德里希·恩格斯等研究社会贫困的人那里得到了启示。汤因比的《英国工业革命》演讲、约翰·劳伦斯和芭芭拉·哈蒙德的著作，以及西德尼和碧翠丝·韦伯的著作，共同构成了一部工业化带来的灾难史。尽管学校教科书和通俗历史读物中表现出对技术成就的赞誉和自豪，但灾难论调仍然占主流地位。

看完华兹华斯的诗歌、狄更斯的小说和古斯塔夫·多雷的插画，人们或许会更加忧郁和遗憾。尽管战后经济史学家对工业化做出了更为积极的评价，认为工业化带来了长期的经济增长、更高质量的生活水平和更长的寿命，但这丝毫没有动摇一部分英国人根深蒂固的认知，这些经历过工业革命的人普遍谴责工业化发展。

古斯塔夫·多雷笔下的维多利亚时代伦敦的贫民窟。长期以来，工业革命一直被指责带来了更严重的社会剥削问题。

毫无疑问，因为新技术的发展，很多工人先前具备的技能过时了，因此失去了生计；因为铁路建设，很多人无家可归；因为恶劣的工作条件和不卫生的豆腐渣工程住房，很多工人因此丧命。当然，还有很多人从中受益，这群人从工厂烟囱冒出的烟雾中看到的不是空气污染，而是繁荣的迹象。工业化需要新技能，尤其是在工程建设和金属加工行业。如果谁的工作是制造和维护机器、操作锅炉、驾驶机车、开采煤炭、操作精纺机和动力织布机这些中的一种，他便可以要求获得高薪，可以加

入工会，可以接受教育和获得选举权。这些工人相信，正是他们的技术，英国才能获得如此伟大的成就。他们钦佩那些发明家，尤其是研究蒸汽的先驱们，是这些人将英国带上通往繁荣和强盛的工业化道路。

机械制造工程师瓦特是英国的第一位制造英雄。他死后被安葬在西敏寺，那里还安葬着一些文化巨匠和科学名人，如莎士比亚、弥尔顿、培根和牛顿。第二位制造英雄是工程师乔治·史蒂芬孙。1830年，利物浦到曼彻斯特的铁路通车，乔治·史蒂芬孙驾驶着他发明的蒸汽机车在这条铁路上行驶。自那以后，乔治·史蒂芬孙的工程壮举就牢牢吸引了公众的注意力。19世纪40年代到50年代期间，伊桑巴德·金德姆·布鲁内尔和约瑟夫·洛克成为公众焦点。但成为焦点后不久，他们先后去世了，于是人们只能再次缅怀先辈们。那时，全国上下都颂扬瓦特和乔治·史蒂芬孙的成就，整个工业生产领域都以他们为傲（1847年至1848年，乔治·史蒂芬孙当选英国机械工程师学会的第一任会长）。他们的成就被载入史册，看了他们的传记故事，人们纷纷效仿。与此同时，君主政治史册也开始加入"制造崛起"的内容。

瓦特是个什么东西？

1824年，当利物浦勋爵的内阁中的自由派托利党人与辉格党人、皇家学会的主要成员及富有的制造商共同纪念瓦特时，激进派意识到他们错失了一个表现的机会。作为19世纪英国政治改革的主要拥护者之一，同时也是激进派的威廉·科贝特怒吼道："瓦特是个什么东西？最近我听到了许多关于它的事，但是，我这辈子都没搞清楚瓦特到底是什么。"科贝特故意装糊涂，以掩盖内心的焦虑，他担心有人会利用瓦特的名声来损害种植园和工厂奴隶的利益。他提议建造一座"伟大的机械师"铸铁雕像，并在雕像底座的镶板上注明他们的观点以缓解他们的苦恼，"这一切是瓦特先生用他的发明建立起来的系统带给我们的。"

相比之前的提议，人们更愿意用 6000 英镑（约合 5.4 万元人民币，1 英镑约合 9 元人民币）的捐款买下一大块大理石并邀请才华横溢的雕塑家弗朗西斯·钱特里爵士。瓦特的雕像在西敏寺穿着学士袍，他的形象像极了一位哲学家，而不是一名工程师。这次捐款活动由利物浦勋爵说服乔治四世捐出 500 英镑开始，从而使这种捐款成为一种时尚。博尔顿家族捐了 500 英镑，其他亲朋好友每人捐了 50 至 100 英镑，但大多数不认识瓦特的人都是捐出 5 到 10 基尼。

曼彻斯特这座城市虽然与瓦特没有直接联系，但当地政府也捐了 1100 英镑。由于没有湍急的河流，这座城市自 18 世纪 80 年代以来的工业发展完全依赖于瓦特的旋转式蒸汽机。到 19 世纪 20 年代，被称作"棉都"的曼彻斯特成为自由贸易和地方科学的堡垒，并在蒸汽动力中看到了全球航运服务的机会和科学探究的效用。1857 年，这个城市又出资 1000 英镑，委托威廉·希得照着钱特里爵士的作品在皮卡迪利花园制作了一座瓦特纪念碑。

早在 1824 年，英国棉花工业的另一个中心格拉斯哥就倾向于走自

已独特的发展路线。它筹集了 3500 英镑，委托钱特里爵士制作了一座瓦特的铜像，来提升乔治广场的地位。正如市长在一次大型公众会议上的发言，格拉斯哥很荣幸成为"孕育天才的摇篮"。毕竟，瓦特是在修理格拉斯哥大学的纽科门蒸汽机时设计出了节油的独立冷凝器。

另一个牛顿

然而，不只是棉花行业和学术界崇拜瓦特。无数工匠和商人，还有十多个工业作坊捐款，可能是在格拉斯哥安德森学院任教的教师们让人们了解了瓦特，教师们纷纷说是瓦特拯救了机械师这个职业，人们不再把机械师的头衔当成耻辱，认为它和其他头衔一样受人尊敬；也可能是人们受化学家安德鲁·乌尔言论的影响，因为他称瓦特为地球做的贡献可以与牛顿为宇宙做的贡献相媲美。

克莱德河下游的格里诺克镇宣称瓦特出生在这里，并委托钱特里爵士为这座小镇建造了一座大理石的瓦特雕像，还说服瓦特的儿子小瓦特向镇上捐赠了一座图书馆，坐落在雕像后方。在苏格兰身份和英国身份之间左右为难的爱丁堡当局针对是否把瓦特的荣誉归给西敏寺展开了讨论，最后决定要争取这个荣誉。于是他们筹集了约 1250 英镑，但要想在这一场争夺中取胜，这点钱还远远不够。

那时，工会主义者和专业工程师在晚宴上经常为回忆瓦特举杯，人们写诗来表达对他的敬意，他的形象还出现在工会主义者的会员证书上。

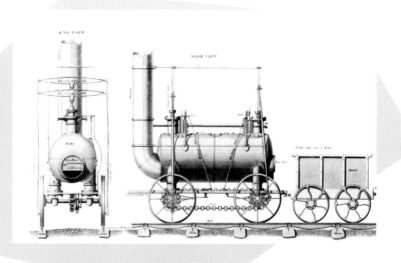

乔治·史蒂芬孙设计的蒸汽机车之一，主要用于采煤。

1868 年，伯明翰的市政厅前树立了一座瓦特雕像，泰晤士报评论说"伯明翰的工人们做出的贡献不小"。这一次瓦特身着便装，站在一个蒸汽机汽缸旁边。1867 年改革法令出台之后，工匠们获得选举权，他们把瓦特当成名义领袖，而早在 1832 年，瓦特仅仅是这些工匠们的雇主的名义领袖。

正如工程师威廉·费尔贝恩在 1836 年所言，瓦特为他的国家具有创造才能的天才带来了自由和动力。从 19 世纪 20 年代中期开始，发明家的地位有所提高，再加上人们对提高专利审批制度效率的呼声越来越高，议会于 1829 年对专利制度的运行机制首次展开调查，可是过了

23 年，专利法才得以正式修订。法院不再一味同情那些侵犯专利的人，诉讼的天平开始向专利持有人一边倾斜，这让蒸汽运输的倡导者们也鼓足了劲头。《纪事晨报》曾报道称，从首相和他的内阁为瓦特庆功的那一刻起，运河经营者们阻止铁路建设的企图就注定会失败。

 蒸汽的变革性力量会把商业、基督教和文明带到世界的各个角落。

出版商们纷纷出书向外行人解释蒸汽技术，称蒸汽技术能够创造财富与文明，相关的赞美文章与蒸汽技术的发展史经常出现在卷首语的位置。19 世纪 30 年代，由于人们对铁路的热情进一步高涨，蒸汽动力开始出现在一些专业性不强的出版物中，由此可见工业化的批评者和庆祝者们都十分关注蒸汽动力的作用。

人们又一次倾向于夸大蒸汽机的重要性。事实上，直到 19 世纪中期，水能在英国仍然是机械能的主要来源。即使如此，贸易委员会统计学家乔治·波特仍宣称，蒸汽机对这个国家的生产能源施了魔法。

激进派记者约翰·韦德认为，瓦特的蒸汽机为乔治三世统治时期的财富和人口实现惊人的增长奠定了基础，任何战争或其他政治事件都无法带来如此重大的发展。詹姆斯·麦卡洛克和麦考利男爵等辉格党历史学家以前认为，是 1689 年的权利法案让英国在商业发展方面获得了优势。而现在他们发现，要将宪法上规定的自由转化成国富民强和国际主导地位，发展蒸汽动力是基本途径。

1844 年，恩格斯警告德国读者说，蒸汽机驱动的棉花工业引发了一场可怕的"工业革命"，有可能引起政治动荡，但大多数自由派评论员同样满怀期待地认为蒸汽机可以促进和平变革。它会把商业、基督教和文明带到世界的各个角落，促进自由贸易的发展，增强人们之间的理解，用麦考利男爵的话来说："把人类大家庭每个成员都联系在一起。"这将维持英国在基于制造业的国际贸易中近乎垄断的地位，另外蒸汽船和铁路会加快英国在世界各地部署军队的步伐。

1854 年，克里米亚战争爆发，它将自由主义价值观中尚未解决的矛盾暴露了出来。虽然自由贸易必然促进世界和平的假设遭到了反驳，但战争可以为发明家和工程师提供服务国家的机会。一些人认为，威廉·阿姆斯特朗和约瑟夫·惠特沃斯等工程师开发的强大的武器表明，现代社会依赖发明家们，他们理应得到更大的回报和认可。1860 年 12 月，有人在《建筑师》杂志上撰文明确指出：

"当我们想到最聪明的将军或最勇敢的士兵在对抗加农炮和毛瑟枪等现代科技产品时有多么无力的时候……我们是时候像以往对待拿刀保护国家的勇士那样，向这些为国家带来和平的发明者表达同样崇高的敬意。"

杰出的科学家

然而，《机械杂志》则竭力主张"我们的工程师不久之后应该被允

许回到他们的原来的岗位上，不应该再研究兵法"。《Punch 杂志》经常拿威廉·阿姆斯特朗开涮，1868 年，杂志上称他为"炸弹勋爵"。

维多利亚时代的人撰写了第一部关于工业革命的宏大叙事著作，他们将其与乔治三世统治时期的"制造业的崛起"相提并论。无论工业革命是一次胜利还是一场悲剧，在他们眼里，工业革命无疑是一个迅速而引人注目的事件（一场"革命"），一种英国独有的现象，是几十个出类拔萃的人发明的新技术（主要是蒸汽动力和棉织机）的产物。

但现代历史学家经常反驳这种观点，认为工业化是一个更复杂、更渐进式的发展过程，其根源可以追溯到中世纪的制度，可以延伸到欧洲乃至更远的地方，可以延伸到亚洲和欧洲在新大陆的殖民地。毫无疑问，新技术发挥了重要作用，但在更广泛的背景下，新技术应该被视为社会不断变化的需求和欲望的产物，而不是一股独立的变革力量的产物。

故乡英雄：纪念六位发明家
在那些伟大的工业先驱者的家乡，树立雕像和举办庆典是当地习俗

格拉斯哥的瓦特

到 1834 年，格拉斯哥拥有三座瓦特雕像，两座由公众捐款建成，一座是瓦特的儿子送给格拉斯哥大学的礼物。在 1864 年到 1906 年之间，这座城市又多了五座瓦特的雕像，均由私人出资制作。格拉斯哥的工程协会每年都会举办一次瓦特周年纪念晚宴；格拉斯哥大学的一个工程实验室以瓦特的名字来命名；1919 年，格拉斯哥大学设立了两项瓦特工程讲座教授荣誉（主要由苏格兰工程师出资），以纪念其逝世一百周年。

伯明翰的博尔顿

博尔顿生前和瓦特一样出名，但他死后的名气远不及瓦特。如果没有瓦特的蒸汽机，今天人们不会记住博尔顿的企业家才能和发明才能（尤其是他的造币机器，供应给许多欧洲造币厂）。1956 年，伯明翰委托威廉·布洛伊制作了一个铜像作品《座谈会》，即真人大小的博尔顿、瓦特和威廉·默多克在讨论一幅工程图纸。1995 年，博尔顿的官邸苏豪馆以博尔顿博物馆的身份对外开放。2009 年，伯明翰举办活动，纪念博尔顿逝世二百周年。

伯明翰布劳德街上的铜像，从左到右分别是博尔顿、瓦特和默多克。

泰恩河畔纽卡斯尔的史蒂芬孙

　　史蒂芬孙出生在泰恩河畔的纽卡斯尔，并在那里度过了大半生。1862年，纽卡斯尔这座城市在内维尔街火车站附近为史蒂芬孙修建了一座纪念碑。大约7万人参加了揭碑仪式。1881年，该城市以更加隆重的方式庆祝了他的百年诞辰，如举办展览、演讲和焰火表演，发起公共早餐会（为创办"史蒂芬孙奖学金"

筹集资金），专门安排 16 辆机车从中央车站出发，开往他在维拉姆的出生地，然后返回。史蒂芬孙出生的房子现在由英国国民信托基金委员会管理。

坎伯恩的理查·特里维希克

据说，特里维希克于 1833 年去世的时候，丧葬费都是同事们帮忙出的。他再次进入公众视野，是在土木工程师学会出资为特里维希克在西敏寺设置去世 50 周年纪念橱窗之后。橱窗上绘制着康沃尔标志和四个天使，每个天使都拿着一项特里维希克的发明，包括"铁路机车，1808"。在 1901 年圣诞前夜，坎伯恩在四轮蒸汽交通工具诞生百年庆典上安排了一台四轮蒸汽汽车在镇上行驶。人们每年都会庆祝"特里维希克日"。自 1932 年起，坎伯恩市政厅前一直伫立着一尊特里维希克雕像。

亚伯拉罕·达比的铁桥

1678 年，达比在伍斯特郡出生，但他与煤溪谷的联系更为密切。1709 年，他在煤溪谷发明了（焦）炭炼铁术，打造了一个强大的炼铁

王朝。世界上建成的第一座铁桥就是为了纪念他的丰功伟绩。铁桥于1779年建成，横跨煤溪谷的塞文河谷。铁桥的连接部件由达比铸造厂铸造，那时达比铸造厂已由他的孙子

亚伯拉罕·达比三世管理。1967年，铁桥谷博物馆信托建立了几个非常具有创新性的博物馆，自那时起，煤溪谷的工业遗存都收藏于这些馆内。

博尔顿的塞缪尔·克朗普顿

克朗普顿是走锭纺纱机的发明者（未申请专利），于1827年去世。去世的时候，他一贫如洗，默默无闻。死后，他声名鹊起，这首先要感谢当地的古物学家吉尔伯特·弗兰奇于1859年出版了他的传记。看到弗兰奇对克朗普顿的拥护，博尔顿的工人们也深受启发，纷纷出资委托工匠雕刻克朗普顿铜像。1862年，该铜像在博尔顿揭幕。1927年，博尔顿举行了百年庆典，其中的儿童表演是庆典高潮，他们引吭高歌。克朗普顿童年的家霍利斯木屋现在对公众开放。

第 2 节 铁路革命

铁路时代使英国发生了难以想象的变化，它有助于大英帝国的建设，也最终削弱了大英帝国的实力。

赫顿煤矿1822年的平版画。赫顿煤矿有一条早期的私人铁路。也正是在
这个煤矿，先驱工程师乔治·史蒂芬孙为他的发明积累了经验。

为什么铁路革命最先发生在英国？

　　铁路革命之所以最先发生在英国，煤是一个重要因素。18 世纪工业
革命早期，由于英国国内没有大片原始森林提供燃料，因此很多地方需
要将煤炭用作能源，特别是伦敦。

　　伦敦像一个有着贪婪的食欲的巨人，其煤炭贸易的繁荣程度超过世
界上任何其他地方。那些煤在纽卡斯尔装船，沿着东海岸南下到达伦敦。

为了把煤送到纽卡斯尔，英格兰东北部建了一个巨大的道路网——古车道，供马匹和马车行走。和崎岖不平的山路相比，这些古车道节省了不少人力、物力成本。

人们在这些古车道上试验蒸汽火车似乎是早晚的事，因为英国当时已经在蒸汽动力的发展上遥遥领先，尤其是用蒸汽动力来开采深矿井。到了18世纪末，人们终于开始考虑用蒸汽机拉车。

是工业革命促使铁路的兴起，还是铁路引发了工业革命？

毋庸置疑，当然是工业革命促使铁路的兴起。正如前面介绍，英国工业革命需要大量煤炭，而这些沉重的煤炭需要运输。在这样的时代背景下，工程师史蒂芬孙开始去煤矿里工作，同时英格兰东北部车道的宽度也开始参照英国轨距的标准。当然，铁路的兴起也极大地促进了工业革命的推进。

铁路的发展是集体智慧的结晶，还是个人成就？

是集体智慧的结晶。以杰出的工程师史蒂芬孙为例，在职业生涯的早期，他只是达勒姆郡煤矿的一名普通工人，在那里，人们已经做了大量有关交通运输的试验。在那些试验当中，恰好史蒂芬孙的试验是正确的，所以他的设想变成了现实。他还设计了斯托克顿到达灵顿的铁路，

这是历史上第一条重要的铁路。它和古车道一样，都是用来将煤炭运往斯托克顿，只不过运输工具不再是马车，而是蒸汽火车。

当时，在英格兰东北部推进工业革命中出现了很多激动人心的工业成就。史蒂芬孙从中学习、不断完善，并加入了自己的天才设计。因此他的发明不像智慧女神雅典娜那样是从宙斯的脑袋里蹦出来的，而是在前人的基础上改进而来。

英国的地貌对发展铁路有多大影响？

英国是发展铁路的首选国家。很多铁路提议都是行得通的，毕竟你所要做的就是把进行贸易的物资运送到最近的水域。而作为一个岛国，英国各地离港口都不会太远。但如果在加拿大建铁路，情况就不一样了。加拿大需要完成长距离的轨道建设，为此不得不寻求大量风险资本。

斯托克顿到达灵顿的铁路大约长 40 千米，随后建成的利物浦到曼彻斯特的铁路也没有很长，至少没有长到令人不知道怎么修的地步。此外，英国的地貌对于铁路修建有一定挑战性。

19 世纪，英国出现了铁路热！

在铁路刚兴起的 20 年里，由于这种新的交通方式提高了效率，钢铁和煤炭的产量增加了两倍。同时，人们需要钢铁制造火车和轨道，

1876年，乘火车环游英国的游客。铁路原本用来运输货物，但是乘客们很快就被这种被这种新的出行方式所吸引。

对钢铁的需求也大大增加了。这样一来，就形成了一种供需关系的良性循环。

更令人意想不到的是，人们慢慢有了乘坐这些火车的强烈渴望。原以为早期的铁路主要用于运输煤炭和货物，但事实证明，它们也成了备

受青睐的交通工具。这充分说明铁路的发展非常成功，而且带来了商机。

一些后来修的铁路赔钱了，但在早期，铁路的建设的确是一个巨大的市场。1840年，英国铁路总里程为3000多千米，但到1900年，英国铁路总里程已超过3.7万千米。这种增长速率让人惊叹，这也从某种意义上表明当时的英国很有钱。此时，一群有商业头脑的精英们在寻找投资机会，他们把从纺织厂、煤矿、铸铁厂等地方赚来的剩余价值投入铁路，这确实是个非常有吸引力的投资机会。

铁路发展时有人提出过反对意见吗？

兴修铁路并不是人人都赞同，比如浪漫主义诗人和对乡村情有独钟的人就对兴修铁路充满敌意。但坦率地说，这些人的想法都没有受到重视。在反对修铁路的群体中，贵族和地主的影响较大，他们不希望自己的个人财产权受到侵犯。他们甚至认为兴修利物浦到曼彻斯特的铁路是一个愚蠢的计划，土地所有者不希望公众穿过他们的土地，所以最初的铁路计划在下议院的委员会商讨阶段就被否决了。

此外，许多筑路工人虽然能得到优厚的报酬，但他们在极端恶劣的环境下工作，需要承担很高的死亡风险，过着极其艰苦的生活。事实上，这些工人可以看作铁路建设的奴隶。他们领了工资以后，经常全部拿去买食物和酒来犒劳自己，所以就算辛苦工作下来，他们可能反倒欠公司一大笔钱。

史有甚者，很多贫民窟被拆除。兴修伯明翰到伦敦的铁路时，伦敦北部的人被赶出了他们的房子，而且几乎没有得到任何补偿。看过查尔斯·狄更斯的著作的人就会知道，当时那种场景让人印象深刻：这些人似乎没有过上现代化的生活的资格，他们被社会抛弃，且无路可走。

除了影响工业和交通，铁路还对英国产生了什么影响？

铁路几乎以我们能想象得到的一切方式影响着英国。英国铁路最有意思的是它的规模。英国当时的铁路是历史上大规模的建筑工程之一，甚至可以媲美中国的长城、罗马的道路系统或金字塔。和刚刚列举的项目不同的是，它由私人投资建造，这也是它如此令人惊叹的原因之一。这是民主制度下兴起的第一波基础设施建设热潮，有着举足轻重的地位。

在早期铁路建设使用的资金中，没有一分钱来自公共财政。一切资金都来自私人投资者，其中有特别富有的人，也有拿着微薄薪水的普通人。而这些普通人都怀揣着成为投资人的愿望，用一小笔钱来做一些尝试。

事实上，英国人生活的方方面面都因铁路发生着变化。铁路改变了人们的生活方式和工作方式，改变了人们的饮食习惯，甚至改变了阅读市场。众所周知，企鹅出版集团的闻名是从一个铁路站台开始，史密斯书店也是靠铁路发展起来的。铁路还引发了消费的变革。托马斯·库克的旅行社就诞生在铁路上。他的第一笔生意是送一群人去参加禁酒大会，

后来他又组织人们乘火车去海边度假，并因此赚了很多钱。

然而，19世纪的时候，铁路也是让人头痛的工程，没有人知道它将何去何从。1866年，铁路热导致了传说中的金融衰退，使英国银行系统陷入瘫痪。连拿破仑也控制不住这次危机。

不仅如此，铁路还颠覆了人们对世界运作方式的认知。19世纪之前，人类大多数是沿着海岸线或河流生活。像伦敦、巴黎、北京和纽约这样的国际大都市要开展贸易，都需要依赖于水上交通。那时候，海洋好比桥梁，将一个地方和另一个地方的贸易关联起来，陆地反而成为各地开展贸易和交流的阻碍。奔宁山脉几乎让人无法通行，但如果你想从纽卡斯尔去伦敦，乘船就行了。

然而，不到一代人的时间，铁路就将各地联系起来，这彻底改变了我们对世界各地的认知。突然间，人们觉得海洋不再是桥梁，似乎觉得海洋充满敌意，海运过于缓慢且充满风险，于是陆地变成了桥梁。整个大英帝国都是基于铁路的发展而建立起来的。毫不夸张地说，现代俄罗斯、美国和德国都因铁路而得到较大发展。没有铁路，他们就不可能把广阔无垠的陆地板块合并成一个国家。

最终，铁路破坏了大英帝国的合法性。随着陆地交通逐渐成为新时尚，英国在其他陆地板块拥有领土也就变得不合法了，因为那些领土与英国是通过水路相连。和当初的大英帝国不一样，美国当时作为一个大国，大部分领土都没有被隔开，各地陆路相通，与之相关的合法性问题也就少得多了。那些幅员辽阔的国家因为铁路得到了发展壮大，而英国的发展根本无法与之竞争。

铁路是否也让英国人养成了一种新的民族心态？

铁路让英国人养成了一种全新的民族心态,这在各个方面都有体现。铁路将人们联系在一起,全国各地的人都能够迅速组织起来。例如,如果没有铁路,就不会有工会运动和宪章运动。有了铁路,报纸几乎可以瞬间传遍全国。伴随着商品和人员的大量流动,一个前所未有的民族国家诞生了。

铁路的出现也让英国有了全国统一的时间。以前,英国各个城镇有各自的时区,这在火车时刻表出现之前是可以接受的。但是火车时刻表出现之后,制定全国统一的时间表就很有必要。于是,伦敦时间成了英国其他各地的标准时间。

英国是一个军事强国，铁路的发展对其意味着什么？

克里米亚战争的爆发对英国产生了巨大的影响。英国人总结经验,在第一次世界大战中充分发挥铁路的作用。当时,有数百万吨的物资通过铁路运送到战场。例如,早期的坦克不可能直接从一个战场开到另一个战场,有了铁路,就可以用火车将它们运送到指定战场。而且大多数从英国去法国作战的士兵都是坐火车到达福克斯通和南安普顿等港口。

但从长期来看，由于陆上运输变得容易得多，英国海军的统治地位慢慢变得不那么重要。例如，在第一次世界大战中，德国能够通过铁路从整个欧洲获得物资和补给品，这是拿破仑无法做到的。英国的海上封锁可以锁住法国的咽喉，但对德国没有造成太大影响。

英国铁路时代的结束

英国铁路时代结束，一方面是由于二战期间对其投资不足，而且二战结束后，英国的铁路实行国家所有制；另一方面由于人们当时开始痴迷于新型汽车。火车电气化本可以减少旅行所需的时间，并能有效与日益兴起的汽车抗衡，无奈电气化的进程在当时不够迅速。

当然，英国铁路时代在很多方面看来还没有完全结束。英国铁路每年仍有很大的运输量，当下流行的高铁可能会为英国铁路的发展注入新的活力。

铁路里程碑

1604 年　亨廷顿·博蒙特在东米德兰建造了英国的第一条车道，目的是将煤炭运输到特伦特河。

1769 年　苏格兰发明家詹姆斯·瓦特申请了蒸汽机专利。他与合伙人马修·博尔顿一道，继续致力于开发蒸汽动力。

1804 年　世界上第一次蒸汽火车旅行发生在威尔士的潘尼达伦。这列火车由康沃尔的工程师理查·特里维希克制造。

1825 年　斯托克顿到达灵顿的铁路开通。它由乔治·史蒂芬孙设计，是世界上第一条公共铁路。

1829 年　乔治·史蒂芬孙和他的儿子罗伯特·史蒂芬孙共同制造的"火箭号"机车在"雨山试车选拔赛"中获胜，承担将于次年开通的"利物浦－曼彻斯特"区间铁路的运输工作。

19 世纪 40 年代	英国掀起铁路热。到 1854 年,铁路线延伸了 9600 多千米。
1853 年	克里米亚战争爆发。在冲突期间,英国修建了大克里米亚中心铁路以提供后勤保障。
1914 年	第一次世界大战期间,铁路为战士们运输食物和其他物资,发挥了至关重要的作用。
1938 年	英国火车"野鸭"创造了时速 203 千米的世界纪录。这仍然是蒸汽机车的最高纪录。
1948 年	在汽车开始取代火车的时代,英国的铁路被工党政府收归国有。

第3节
未来我们是否还会颂扬工业革命？

迄今为止，很少有人探究工业革命对
环境造成的影响。

伦敦的交通：汽车的出现刺激人们寻找石油。

对工业革命的态度，人们从最初的狂热到质疑，再到后来的大力拥护，经历过多次转变。自二战结束以来，有关工业革命的评价普遍积极。但现在出于对气候变化的担忧，对工业革命的评价可能将再次走低。

该以怎样的方式生活的争论长期存在于经历了 1760 年至 1830 年期间机械化和城市化冲击的人们之间。几乎没有人怀疑工业化国家享受到的长期利益：自 18 世纪以来，婴儿死亡率大幅下降，预期寿命翻了一番；以前只有非常富有的人才能享有的物质生活，如今普通人也能享受了；教育免费了，休闲活动增多了，卫生服务和社会福利安全网建立起来了。可是迄今为止，很少有人思考过我们在环境方面付出的代价。

工业革命前，地球大气中二氧化碳的浓度大约为 280 ppm。根据挪威北极地区的齐柏林研究站的测量数据，2009 年大气中的二氧化碳浓度高达 397 ppm，现在它还在以史无前例的速度增长，每年增长 2-3 ppm，我们似乎没有多少时间来防止该数据达到气候科学家建议的最大值（450 ppm）了。人类的生活方式甚至基本生存都受到了威胁，我们是时候重新解读工业革命了。

工业革命时期与以往所有经济增长时期的情况不同在于，它允许两个以前不相容的现象共存：人口增加和生活水平的不断提高。如果没有持续的经济增长，人口扩张会带来很多问题，随之世界就会滑入"马尔萨斯陷阱"。在这个模式中，受饥荒、战争或疾病（由粮食短缺引起）的影响，人口数量会减少，直至合理范围内。

从 18 世纪中期开始，欧洲人主要通过两种方式摆脱"马尔萨斯陷阱"。首先，他们大规模开采化石燃料。当木材迅速减少时，他们就开始烧煤，无论是在工业生产过程中还是当时普遍用于各种交通工具的蒸汽机，都是如此。到了 1890 年，随着汽车的出现，他们开始开采石油，而对电的需求又刺激了对煤的需求。

　　其次，他们漂洋过海，定居在其他人口密度小的大陆上。在那里，他们把新的物种、作物和技术引入到农业生产当中，并经常雇佣奴隶劳动，其粮食产量和财富的增长速度之快超过从前。专业化的生产促进国

浮冰从格陵兰岛库洛奇冰峡湾漂出。气候变化正迫使我们重新评估工业革命。

际贸易的蓬勃发展：欧洲人开始用工业制成品交换大量食物和工业原料。

到 1900 年，人类活动对大气的影响还不算太严重：全球只有 16 亿人口，工业化仅限于西欧、美国和日本，它们的能源消耗情况当时也只处于适中水平。人类对大气的严重破坏，是从 20 世纪 50 年代后经济的长期繁荣造成了温室气体排放的急剧增加开始。

很快，工业化和城市化在全球范围内推广。随着财富的增加，人们的消费水平有所提高，人员流动性增强，国际贸易增多，能源需求也因此迅速增长，人们的饮食习惯也相应改变。为此，人们采用更加集约化的方式饲养牲畜，大规模砍伐森林以种植饲料，从而造成了环境问题。

第四章

个性十足
的人物

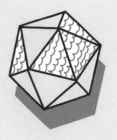

第1节 阿达·洛甫雷斯

洛甫雷斯生于1815年，为科学和数学着迷，但这并不符合当时的社会对女性的期待。现如今，她被视为早期计算机史上最重要的人物之一。

阿达·洛甫雷斯是早期计算机史上最重要的人物之一，但和科学界其他很多研究者一样，她的贡献在其死后才完全得到认可。在由男性主导科学和数学的时代，她依旧取得了显著的成就。不仅如此，她还预见到了计算机广泛运用的未来。

1840年，一幅阿达的画像，她真正的兴趣是数学和科学。

大家现在熟知的阿达，原姓拜伦，生于1815年12月10日，父亲是诗人拜伦，母亲是安娜贝拉。拜伦和安娜贝拉于1815年1月2日结婚。1816年初，安娜贝拉受够了丈夫的不忠，以及他们所面临的惊人的经济压力，于是离开拜伦，将阿达带到了娘家。从那以后，阿达再也没有见过父亲。

自童年开始，阿达就对数学着迷，这都要归功她的母亲，如果不是母亲的鼓励，阿达长大之后要么像她父亲一样不负责任，无目标无计划，要么就是整日沉迷在白日梦里，东想西想。在母亲的鼓励和引导下，阿达不仅喜欢数学，还对科学产生了浓厚的兴趣。

1828年，阿达在家里突发奇想，要造一台以蒸汽为动力的飞行机器，她甚至花了几个小时捣鼓她的机器，想让它飞起来。

阿达非常着迷精神世界的满足，但母亲安娜贝拉对阿达采取的仍然是传统的中产阶级上层的抚养方式。当时的安娜贝拉是英国最富有的女性之一，有能力和影响力让阿达按照她的意愿生活。1835年，阿达嫁给了彬彬有礼但有一些笨拙的贵族威廉·金勋爵，不久后，金被册封为洛

甫雷斯伯爵。金对阿达一心一意，非常佩服她。有传闻称，金曾经说：
"你是多么了不起的一位将军啊！"

前所未有的友谊

　　阿达还结识了另外一位让她印象深刻的男人。无论是为人还是学识方面，这个人都对阿达有着重要意义。他就是查尔斯·巴贝奇。1833年6月5日，两人在一次聚会上相识。作为拜伦的女儿，那时的阿达也算是个名人了。得到了这位著名的年轻女士的注意，巴贝奇的自尊心也膨胀起来了。他邀请安娜贝拉和阿达去家里参观自己制作的差分机模型。

他家就在伦敦曼彻斯特广场附近的多塞街上。这台机器给阿达留下了深刻的印象。17岁的她和巴贝奇从此以后成了朋友。

　　1834年，巴贝奇着手设计了一台更加让人惊叹的机器，他将其命名为分析机。该机器实际上是一台可编程的通用数字计算机，使用齿轮做十进制操作，而不是像

图为洛甫雷斯在巴贝奇伦敦的家里看到的差分机一号的一部分，它是巴贝奇在19世纪20年代完成的早期设计。

电子元件那样做二进制操作。此外，这台分析机具有现代电子计算机的大多数逻辑构成，例如，内存、存储和编程，这些都是借鉴了可编程提花机（1801 年亮相的可编程纺织机，能够编织任何花纹）的打孔卡的设计原理。它还有安全检测功能，能够在操作员出错的时候报告错误。

阿达对分析机的兴趣比对差分机的兴趣还要高。虽然巴贝奇的分析机的制作方案永远只是停留在设计阶段，但是方案中包含了 2200 条注记和 300 张设计图。很长一段时间以来，很多现代科学家，特别是男性计算机科学家，都抨击阿达，认为她对巴贝奇的工作没有什么贡献，她最多只是帮忙发表了巴贝奇的研究而已。巴贝奇说阿达是自己的"翻译"，这显然道出了他对阿达所做贡献的态度。

然而，现代研究清楚地表明，阿达在计算机早期的发展史中，对计算机理论的发展做出了卓越的贡献。1843 年，她翻译了一篇阐述分析机的法语文章，作者是意大利科学家以及后来的首相费德里科·路易吉。阿达除了翻译这篇文章以外，还加上了约 2 万字的详尽笔记，探讨了分析机未来的发展。她后来出版了自己的翻译文稿和笔记，并使用了自己名字的首字母作为初期的笔名。

笔记中对技术部分素材的收集，阿达显然得到了巴贝奇的帮助，但要说巴贝奇亲手写了很多笔记是站不住脚的。从语言层面分析，笔记的腔调更偏向于阿达的风格。阿达对分析机的一些真知灼见似乎是巴贝奇不具备的。巴贝奇认为分析机是进行数学运算的聪明机器。他当然没错，但并没有证据表明巴贝奇对该机器别的功能有所思考。

而阿达的笔记表明，分析机不只可以用来算数，还可以用于实施多种控制流程。她曾说："分析机编织代数模式就像提花织机编织花和叶。"这一精彩洞见是阿达对计算机早期历史做出的重要贡献之一。她将自己对科学的特殊思考称作"理想化了的科学"。例如，她提出通过专门设定，分析机甚至可以作曲。她写道："在和声和作曲学中，假设音调之间的基本关系在分析机中可以被表达和改编，那么分析机就能够创作出任何复杂程度，任意范围，且科学的音乐作品。"

阿达的遗产

1852 年 11 月 27 日，阿达因患癌症逝世，年仅 36 岁。其父亲也是这个年纪过世的。阿达葬于诺丁罕哈克诺的哈克诺圣玛丽亚·抹大拉教堂，长眠在父亲的身旁。

阿达是计算机早期发展史中的思想先驱。对此名誉，她当之无愧，这是毫无疑问的。有些人甚至说她是世界上第一个计算机程序员，尽管巴贝奇的传记作者、计算机科学史学家和大英帝国勋章获得者多伦斯韦德认为巴贝奇的程序比阿达的早了 7 年。

阿达为分析机可以运行的算法着迷，但她却没能更多地参与到巴贝奇的分析机制作工作当中，这是计算机史上最大的悲剧之一。1843 年 8 月，阿达知道分析机项目需要重要人物的影响力，于是她给巴贝奇写了一封很长的信，希望巴贝奇让她帮忙全面管理分析机建造项目。巴贝奇拒绝了她的提议，具体原因不详。很有可能是巴贝奇觉得让阿达参与分析机的建造项目让他感到不放心。尽管他非常满意阿达的翻译和注解工作，特别是阿达为他的分析机做出的努力。神奇的是，遭到巴贝奇无情的拒绝后，他们仍然是一生的挚友。

巴贝奇自己没有造出一台完整的差分机或分析机。1991年，伦敦科学博物馆在斯沃德的带领下完成了差分机的计算部分。2002年，他们成功地造出了一台完整的差分机。这台机器花了17年被造出，着实令人印象深刻：一件19世纪工程领域具有开创意义的宏伟杰作在20世纪变成了现实。

如今，阿达被视为女性科学成就的标志，有思想的女英雄，计算机早期历史中的科学梦想家之一。

第2节 布鲁内尔

伊桑巴德·金德姆·布鲁内尔是 19 世纪最伟大的创造者之一。他在位于伦敦公爵街 18 号的办公室里掌控着一个工程帝国。

布鲁内尔（右）和约翰·斯考特·拉塞尔（左一）等参与"大东方号"设计的工程师们在"大东方号"1857 年的下水仪式上。

伊桑巴德·金德姆·布鲁内尔

（1806—1859）

布鲁内尔是英国 19 世纪最伟大的土木工程师之一。他在从伦敦到布里斯托的大西方铁路线上待了 15 年，他为这条铁路修建的桥梁、车站、高架桥和隧道都体现了其高超的工程和设计技能。从 1838 年起，他的先驱蒸汽船"大西方号""大不列颠号"和"大东方号"改变了跨洋航行的面貌。他的许多土木工程作品仍在使用，包括布里斯托和桑德兰的改进后的码头，切普斯托和索尔塔什的创新铁桥，以及横跨泰晤士河的亨格福德桥。他设计的克利夫顿吊桥在他死后完工。他去世时年仅53 岁。

成为布鲁内尔团队的一员是什么感受？以下是作为一名卑微的助理工程师，负责多塞特郡的一条支线的约翰·布伦顿的回顾：

"1855 年 2 月的一天，我突然收到公爵街的一封电报，命令我第二天早晨 6 点到公爵街去，至于原因，电报里没有作任何解释。我收拾好箱子，和妻子告别，立即动身前往。"

"第二天早晨 6 点，一个穿制服的仆人为我打开门，对我说布鲁内尔先生正在他的办公室等着。我被领进灯火通明的房间，看见布鲁内尔先生正坐在桌旁写东西。我进去时，他根本没有抬头看我，仍在忙着写东西。我知道他的个性，于是走到他的办公桌前，简短地说：'布鲁内

尔先生，我收到了您的电报，我到了。' '啊，'他回应道，'这儿有一封给霍斯先生的信，他在蓓尔美尔街的陆军部，10 点前把信送到那里。'他说完继续写自己的东西，我也就没再说什么，离开了他的办公室。"

结果是派布伦顿去土耳其负责英国军队建造的预制式医院的设计工作。建造这个医院主要用于收容克里米亚战争中的伤病员。整个医院设有 1100 个床位，在不到 10 个月的时间医院就完成了设计、材料运输、建造和组装。布鲁内尔一定意识到了布伦顿有很强的组织能力，这关乎此次行动的成败。但他为什么要以这样一种非同寻常的方式来对待这位显然有能力、有价值的员工（蓓尔美尔街距离布鲁内尔的办公室不过 15 分钟的步行路程）呢？答案是布鲁内尔在他所有工作关系中都是一位独裁者。正如我们将看到的，在他的信件中，绝对控制权会一次又一次地出现。

严厉的教育

布鲁内尔的父亲马克·布鲁内尔爵士是一位才华横溢的工程师，也是布鲁内尔的老师，对他的要求十分严格。马克爵士曾让布鲁内尔去巴黎的亨利四世中学接受最好的数学教育，然后安排他去当时最好的工程作坊当工程学徒，师从法国

的亚伯拉罕·路易·布雷盖和英国的亨利·莫·利。但是布鲁内尔学到的不只是工程学知识，乔治国王统治后期英国的市场经济动荡也让他明白了人们的生活多么容易就变得岌岌可危。马克是那个时代最杰出的发明家，可惜他不擅长经商：他的几次冒险经商都失败了。1821 年，马克和他的妻子索菲娅还因债务在臭名昭著的马歇尔希监狱被监禁了 3 个月。当时 16 岁的布鲁内尔还在巴黎上学。

回到英国后，布鲁内尔成为父亲的学徒。1827 年，年仅 20 岁的他就成了泰晤士河隧道的常驻工程师。该项目由他的父亲负责，是当时土木工程史上最大胆且史无前例的壮举。接下来的一年半，布鲁内尔都是在该项目上度过的，生活十分艰苦，但不知为什么，他在此期间居然有时间写真情流露的个人日记。这是 1827 年 10 月他的一篇日记的内容："说说我的性格吧。我的自负和对荣耀的追求，或者更确切地说，我对相互竞争的狂热支配着我……我常常做一些最愚蠢、最无用的事情，为的只是在那些我永远不会再见的人或我毫不在乎的人面前占上风，或吸引他们的注意力。由于自负，我在和那些不喜欢奉承的人打交道时会表现得盛气凌人，没有包容心，甚至发生争吵。"

1828 年 1 月，隧道第二次被淹，这让布鲁内尔和其父亲的努力付诸东流，布鲁内尔还差点因此被杀，项目也被搁置。22 岁的时候，他算得上是失业了（就像他的父亲那样）。接下来的五年里，他们陆续接了一些小项目：也就是铁路革命开始的那五年。显然，布鲁内尔和其父亲把精力浪费在了尚未完工的隧道上，似乎注定会成为革命的局外人。

布鲁内尔的日记生动地表达了他的沮丧："情况确实不乐观，尽管如此，我不能让自己心灰意冷……毕竟，最差的情况估计也就是失业、不再被人提起、没有钱吧……隧道项目失败了，可怜的父亲可能再也活不下去了。母亲也会随他而去——就是在这里，我的发明失败了。如果现在有一场战争，我会上战场，让我的喉咙被割断，这样做似乎太愚蠢了。我想，可能走一条稳妥的道路最容易实现吧，就做一个碌碌无为、可能失业、年薪勉强维持生计、可能还要面临其他不确定因素的工程师。"

显而易见，正是布鲁内尔这些早年的内心挣扎和父亲曾面临的困境，让布鲁内尔形成了非同凡响的个性。1833年3月，年近27岁的他被任命为修筑布里斯托铁路的工程师，这条铁路很快被重新命名为"大西部铁路"。他在9周内完成了勘测，并提出了自己的计划。同年7月，他的任命得到确认，开始设计长达约190千米的铁路线。在此之前，他从来没有真正雇用过员工，现在他必须建立一个办公室和一个团队。在首批被他任命的人中，有他的首席秘书约瑟夫·本尼特，且这个人为他工作了一辈子。此外，他还雇用了绘图员、文书和工程师。

1833年以后，布鲁内尔忙得再也没有时间写私人日记了，取而代之的是工作记录，工作记录的内容集中在19世纪40年代和50年代里。工作记录中的时间表让人难以置信。1834年，布鲁内尔在规划大西部铁路期间，曾向他的第一高级助理约翰·哈蒙德透露："和你私下里说，这些工作比我想象的要难得多。大多数情况下，我每天至少得工作20

个小时。"工作记录也显示，布鲁内尔一生中几乎每天至少工作 20 个小时，每周工作六天。从凌晨到深夜，他一直在开会，或视察正在进行的工作，或去参加议会委员会。从他大量的个人档案中，我们发现，他写了很多东西，完成了很多设计，那么，他是如何做到这样高效的呢？

另一位助理乔治·托马斯·克拉克这样描述他："我从未遇到过有人像他这样精力旺盛。哪怕他一整天忙得不可开交，要准备和提交证明材料，提交证据，匆匆吃完晚餐后，他依旧去参加要开到深夜的咨询会；为了不受干扰，他会通宵写论文、写技术规范、写信、写报告或做计算。如果时间紧迫，他就在扶手椅上睡上两三个小时。每天天不亮，他就已经准备好开始一天的工作了。如果要出差，他通常在凌晨四五点钟出发，以便在天亮时到达目的地……他之所以有这样旺盛的工作精力，显然是因为他有很强的自制力，而且他的性情温和，乐观阳光。但他过度沉溺于一种奢侈品——烟草，这可能对他的身体造成巨大的伤害。"

凡事亲力亲为

布鲁内尔真的需要这么努力吗？他之所以这样，是因为他完全不善于向下属安排任务，甚至不善于合作。史蒂芬孙是布鲁内尔的朋友和对手，也是同时代唯一一个实力与布鲁内尔不相上下的人，他觉得和别人联合完成设计或把一些重要的工作委托团队其他成员来做都是再正常不过的事情，而布鲁内尔不可能这样做。

现在布里斯托大学图书馆收藏着布鲁内尔的 50 多卷绘图本。毫无疑问，这些绘图本证明了他自己亲力亲为完成了大部分的铁路设计工作，在将设计变成实物的过程中，他的员工只是负责测量、提供数据、深化草图和监督承包商。

布鲁内尔戴着标志性的烟囱帽（罗伯特·豪列特的代表作，1857 年）。

对他来说，全面控制是基本要求，从他的信件中也能看出来。1851 年，他这样描述自己的角色："我的工作角色仅限于总工程师，我在总监们的领导下，全权负责和控制工程，因此我只是一名'工程师'。"威廉·格林尼曾向布鲁内尔申请助理工程师的职位，希望负责箱式隧道工程。1836 年 6 月，布鲁内尔给威廉·格林尼回信说："我现在提供的职位不是一个铁饭碗。我的责任太大，无法留住……任何我认为办事效率低的人。大家也都知道，我可能随时解雇所有在我手下办事的人。你自己判断是否还要继续申请这份工作，想好这个机会是否足够引起你的兴趣。"

此外，布鲁内尔显然也不是一个能容忍员工懈怠的人，他一旦发现谁偷懒，就会毫不留情。1836 年，他写信给一位名叫哈里森的年轻工程师，当时哈里森正负责伦敦终点站华恩克里夫高架桥的建设工作："亲爱的先生，非常抱歉，我不得不告诉你，我认为你没有有效履行 位助理工程师的职责，因此，正如我咋天告诉你的，你的任命自即日起取消。你不勤奋的表现是我最不满意的地方，不过在我看来，你还是有能力改掉这个毛病的。"布鲁内尔提出再以"观察期"的形式给哈里森一次机会，但就在这一天，哈里森在未经同意的情况下将布鲁内尔让他买的"圆周罗盘"（一种经纬仪）的账单寄给了公司。哈里森误解了布鲁内尔的意思，他以为这台仪器是为公司购买的。布鲁内尔重新打开上述写给

布鲁内尔位于伦敦公爵街家中的办公室，在这个忙碌的指挥中心，他掌管着众多工程项目。

哈里森的信，往上面加了几句话："你做的这件事，我不打算视而不见。你的行为表明你根本没打算利用好我所提议的观察期。收到这封信后，你就不用继续来公司上班了，请知悉。"

赏罚分明

尽管布鲁内尔非常严厉，但他也能够欣赏他人的认真和细致。1844年，他派得力助手罗伯特·皮尔森·毕尔敦前往皮埃蒙特铁路的现场参与设计工作，但毕尔敦似乎与意大利官员很难一起共事，于是布鲁内尔写信给负责项目的部长说："我的助手是一个精力特别充沛、做事坚持不懈的年轻人，他之所以拒绝在那里继续工作，是因为他的每一个细节工作都要遭到没完没了的干涉，那里的人对他完全没有信心，这实在是让他心灰意冷。"布鲁内尔也完全能够欣赏员工的能力："我认识贝尔已经快十年了，他为人正直，对工作充满热情，我很尊敬他。他专业精通、博学，特别是对那些需要用到数学知识的地方，他很都了解，而这些知识可能早被别人忽视了。他一直在负责码头和铁路项目，要是我有自己的公司，我也会雇用他。"

此外，出于某种原因，布鲁内尔对一位名叫弗里普的助理也网开一面，对于他的问题，布鲁内尔只是写了一封信数落他："弗里普，彬彬有礼的话似乎对你没有用，我必须把话说重一点儿，手段强硬一点儿才行。你懒惰，冷漠，做事不专心，就是一个该死的无赖。如果你继续

布鲁内尔坐在书桌前绘图（作者约翰·霍斯利，1857年）。他常常通宵工作，也有可能躺在扶手椅上睡几个小时。

无视我的指示，以后你的事，我就让你自己去办。我经常告诉你，除了其他荒谬、懒散的习惯之外，让别人画图也会带来很多问题。你这该死的疏忽，浪费了我太多的时间，你欠我的这一辈子也还不清。"

 布鲁内尔从未给他的承包商任何赞誉，相反，他对承包商极其严苛，程度无人能及。

如果布鲁内尔对手下来说是一位暴君，那么他至少有时候还会手下留情。布鲁内尔对于铁路承包商们就只剩下傲慢了。下面是他写给那个时代最有名望的一家公司的信，该公司当时是华恩克里夫高架桥的承包商：

"先生们，我刚从汉威尔回来，我发现到目前为止，地上堆放的和已经砌上去的大部分砖的质量都很不合格……我星期一检查过这些砖，我已经下了特殊的指令，结果你的工头劳伦斯无视我的指令……我要求你马上解雇他。"

布鲁内尔和他的员工在完成一条铁路线的详细设计之后，通常会把整条铁路分成几个路段，然后分包给不同的承包商来完成。他们会发招标广告，并在公爵街提供一套设计图纸，邀请承包商选择自己想负责的部分。之后承包商会去工地勘测，做好成本计算，并参与投标。每个路段长约8千米，可能包含从山中开出狭窄通道、修筑路堤和架桥工作。竞标成功的承包商需要提供5000英镑的押金，作为工程验收的担保。

濒临破产

　　由于当时大部分地区（特别是农村）都还没有进入工业社会，在那里兴修铁路需要召集大批人马，搬运大量泥土、砖块和石头，随之产生的物流问题难度之大也可想而知。然而，布鲁内尔似乎从来没有意识到这一点，也没有对承包商的组织能力给予任何赞扬。相反，他对承包商十分苛刻。他总是坚持极高的工艺标准，经常拒绝接收低劣物料，最后变得臭名远扬。在石材选择上，哪怕是其他工程师都接受的石材，他仍

布鲁内尔新建的横跨泰晤士河的步行桥亨格福德桥，1845年建成。

然会觉得不满，坚持要求用精细切割的方石代替。这样做带来的一个后果是，大西部铁路的进展越往后，承包商越难找，因为他们大都不愿意再参与投标。

不仅如此，承包商们纷纷陷入了困境。詹姆斯·贝德巴洛和托马斯·贝德巴洛在梅登黑德大桥建设期间破产，不得不退出项目。另一位承包商威廉·兰杰负责在伯克郡的桑宁附近从山中开出狭窄的通道，以及在巴斯和布里斯托之间开凿一些隧道。由于恶劣的天气，再加上布鲁内尔对一些已经完成的工作的验收苛刻，项目延期了。1837年，兰杰陷入困境，不久他也破产了，布鲁内尔也因此遇到了麻烦。布鲁内尔把兰杰的合同转让给休·麦金托什和大卫·麦金托什父子，多亏了他们的公司当时经营良好，这个问题才得以解决。本认为布鲁内尔会感激这对父子，但事实并非如此，布鲁内尔对这家公司的态度相比之前的更加恶劣。布鲁内尔会以质量不达标为理由而拒绝验收项目，还经常变更设计，并要求他们免费按照变更的设计施工。

如果双方在价格问题上存在分歧，按照当时的标准惯例，大西部铁路和麦金托什之间的仲裁员将由布鲁内尔担任。布鲁内尔在仲裁过程中总是偏袒前者，只要麦金托什的工期延迟，布鲁内尔就会扣钱。到1840年，布鲁内尔一共扣了他们10万多英镑。

麦金托什怎么能容忍布鲁内尔拿走他们这么多钱呢？答案估计是麦金托什父子为修建大西部铁路已经损失这么多钱了，他们不想因为单方终止项目而面临吃官司的风险：布鲁内尔实际上是想让麦金托什靠个人信用来筹钱修建大西部铁路。1840 年，老麦金托什去世，他的儿子再也不想忍受压榨，于是起诉了大西部铁路公司。在布鲁内尔的建议下，大西部铁路公司没有进行庭外和解，而是选择打官司。从战术上讲，这样做似乎很精明，因为谁都知道，当时的法院行动慢，办事效率低。到 1859 年，时年 53 岁的布鲁内尔英年早逝，那个案子还没结案。

可笑的是，麦金托什家族最终获得了胜诉。1865 年 6 月 20 日，法官裁决大西部铁路向麦金托什家族赔付 10 万英镑，还要赔付 20 年的应计利息和所有法律费用。但当时的大西部铁路公司已经债务缠身，事发的第二年就已濒临破产。

布鲁内尔为自己的行为准则感到自豪，并总是要求下属保持绅士风度。麦金托什案似乎与他的准则不太相符，这段经历可能是他职业生涯中最不光彩的一笔。我们需要记住布鲁内尔非凡的成就，比如他是一位天才设计师，他坚持做到所有事情亲力亲为，但我们也要知道，如果没有员工和承包商们的付出，他什么也造不出来。请记住，布鲁内尔的传奇人生也有瑕疵，这样我们才能很好地了解这个伟大但又难相处的人。

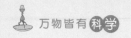

科学故事：
矛盾和团队协作——丹尼尔·古奇和布鲁内尔

古奇没有布鲁内尔出名，但他也是同时期最伟大的工程师之一，他在人类完成更多宏大梦想时发挥了关键性的作用。

古奇优化了布鲁内尔的机车设计。

丹尼尔·古奇曾在纽卡斯尔的史蒂芬孙机车厂当学徒。在那里，他在工程方面的天赋得到充分发挥。1837年，布鲁内尔任命这位20岁的年轻人为大西部铁路的第一任机车主管。此后，除了有一小段时间他去了别的公司，古奇的余生几乎都与这家公司有关。布鲁内尔对机车设计的最初想法有些不同寻常，制造商们要达到他为大西部铁路机车设定的标准十分困难。制造商们根本不清楚他在想什么，导致生产出来的机车不仅动力不足，质量也不可靠；古奇最终负责运行这些机车，所以他必须搞清楚机车的性能为什么不佳，这也让他和布鲁内尔之间产生了很多矛盾。

古奇有权自行设计要在大西部铁路上行驶的机车，他设计了一系列最高级别的机车。他从萤火虫系列开始，充分利用布鲁内尔的宽轨设计，在保证机车速度的同时兼顾稳定性。在他有生之年，其他机车从未超过萤火虫系列机车的安全和速度标准。1843年，大西部铁路公司的新机车厂在斯温登开业。他不仅参与了工厂的筹划和修建工作，还负责管理公司大部分的机车、轨道车辆和铁轨的生产工作。1864 年，他与大西部铁路公司的董事会发生分歧，然后被迫辞职。

之后，他加入了英美电报公司，该公司借助布鲁内尔的"大东方号"铺设了第一条横跨大西洋的电缆。1865 年，古奇回到大西部铁路公司担任董事长（带领这个濒临破产的公司谋求新的发展出路），一直在那里工作到他去世。

建设大西部铁路

从伦敦到布里斯托的铁路长约 190 千米，是有史以来最长的铁路。为了克服地形困难，工程师们不得不设计许多桥梁、高架桥、隧道和车站——布鲁内尔亲自负责了其中大部分的设计工作。

伍顿巴西特
1840 年 12 月

大西部铁路在这个小型集镇设站，曾将此处设为终点，后来铁路向西继续延伸，从这里到巴斯是整个线路地形难度最大的部分：在 21 千米长的线路中，落差在 3 米内的路段还不到 2 千米，其余地方要么从山中开了狭窄的通道，要么修了路堤，要么开凿了隧道。

布里斯托寺院草原站
1841 年 6 月

箱式隧道修成后，从伦敦到布里斯托的整条线路开始通车。事实上，火车不只可以在布里斯托到埃克塞特的铁路上行驶，还可以开至萨默塞特郡的布里奇沃特。在布里斯托寺院草原站有着跨度为 22 米的木制屋顶，如今还能看到它沧桑的历史印迹。

箱式隧道
1841 年 3 月

从博士山下取道是线路中最困难的部分。1836 年，竖井通道开工。结果，工作进展速度之慢和难度之大超出了所有人的预期，施工期间百多人丧生。1841 年，布鲁内尔为了让整条线路在 6 月份开通，他敦促承包商将员工人数增加到 4000 人，马匹数量增加到 1000 匹。

斯温登
1841 年

布鲁内尔和古奇选择小集镇斯温登作为"主要的机车工厂"的所在地，因为那里是全线位置最高的地方。1841 年，建厂工作开始。1842 年，布鲁内尔设计了斯温登新镇，在那里兴修了平房，用来安置大西部铁路的员工。20 世纪 60 年代，工厂关闭，但"铁路村"和一些厂房现在仍然保留完好。

Monmouth

Gloucester

Chepstow

Wootton Bassett
Temple Meads Station

WEST

BRISTOL

Clevedon

GREAT

CHIPPENHAM
Calne

Weston

BATH

Trowbridge

Bridgewater

Taunton

Beaminster

North Star

EXETER

Dorchester

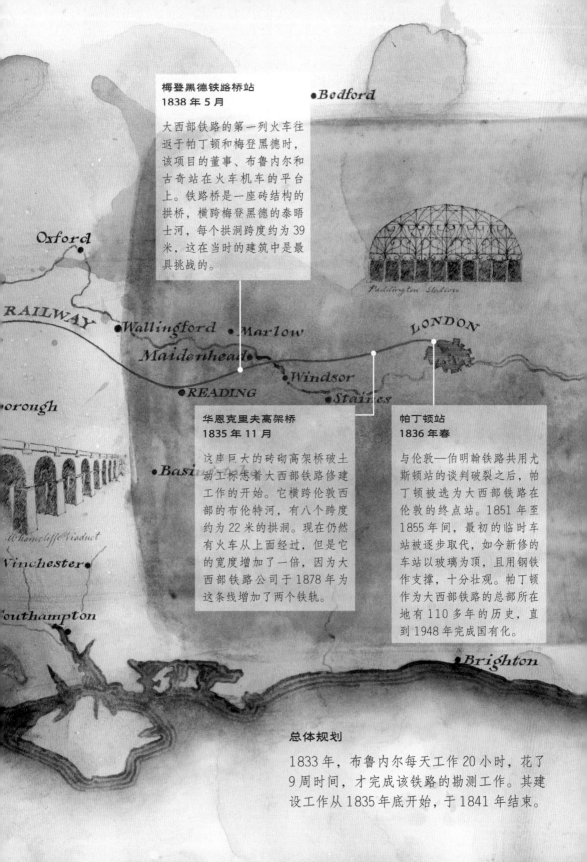

梅登黑德铁路桥站
1838 年 5 月

大西部铁路的第一列火车往返于帕丁顿和梅登黑德时，该项目的董事、布鲁内尔和古奇站在火车机车的平台上。铁路桥是一座砖结构的拱桥，横跨梅登黑德的泰晤士河，每个拱洞跨度约为 39 米，这在当时的建筑中是最具挑战的。

●*Bedford*

Paddington Station

Oxford

RAILWAY ●*Wallingford* ● *Marlow* **LONDON**

Maidenhead ●*Windsor*

● **READING** ●*Staines*

orough

华恩克里夫高架桥
1835 年 11 月

这座巨大的砖砌高架桥破土动工标志着大西部铁路修建工作的开始。它横跨伦敦西部的布伦特河，有八个跨度约为 22 米的拱洞。现在仍然有火车从上面经过，但是它的宽度增加了一倍，因为大西部铁路公司于 1878 年为这条线增加了两个铁轨。

● *Basi*

Whancliffe Viaduct

Vinchester ●

帕丁顿站
1836 年春

与伦敦—伯明翰铁路共用尤斯顿站的谈判破裂之后，帕丁顿被选为大西部铁路在伦敦的终点站。1851 年至 1855 年间，最初的临时车站被逐步取代，如今新修的车站以玻璃为顶，且用钢铁作支撑，十分壮观。帕丁顿作为大西部铁路的总部所在地有 110 多年的历史，直到 1948 年完成国有化。

outhampton

●*Brighton*

总体规划

1833 年，布鲁内尔每天工作 20 小时，花了 9 周时间，才完成该铁路的勘测工作。其建设工作从 1835 年底开始，于 1841 年结束。

第3节 特尔福德

从令人惊叹的水道桥，到又快又平稳的高速路，似乎没有任何建筑工程能超越托马斯·特尔福德的天才成就。

工业界革命性的天才

处在职业生涯鼎盛时期的工程师托马斯·特尔福德（左，塞缪尔·莱恩所画）。特尔福德的设计作品包括：

1 梅奈吊桥（图5亦是），它不是第一座吊桥，但无疑最令人印象深刻；

2 庞特卡萨鲁岩水道桥，于1805年建成，两个多世纪过去了，它仍然高高耸立在迪河上方，运载船只；

3 伦敦的圣凯瑟琳码头，这是1828年10月25日官方开幕庆典的图片；

4 连接苏格兰东西海岸的卡利多尼安运河，于1822年竣工；

5 1830年从安格尔西岛视角画出的梅奈吊桥；

6 连接哥德堡和波罗的海的瑞典约塔运河，于1832年开通。

1829年，特尔福德设计了一座横跨布里斯托埃文峡谷的桥，桥下的塔架从谷底拔地而起。布鲁内尔等评论家们嘲笑他的这个设计过时了。

　　1829年，两位伟大的工程师在建造一座著名的桥梁时发生了冲突。他们来自两个截然不同的世纪，一位是特尔福德，另一位是布鲁内尔，前者建造了宏伟的运河和道路，而后者修建了革命性的大西部铁路。

　　这次冲突标志着，特尔福德这位英国最伟大的土木工程师，因为年迈体衰和力不从心，已经开始被23岁的布鲁内尔比下去了，尽管当时两个人可能都不知道这一点。

　　如今，布鲁内尔成了民族英雄，是乐观进取的维多利亚时代的化身。从他最著名的照片中可以看到，他戴着高高的大礼帽，满脸都是自豪感。

而特尔福德却几乎被人遗忘了。20世纪60年代，什罗普郡修了一座新城，以特尔福德的名字来命名，遗憾的是人们对他的纪念还是寥寥无几。但他的故事值得被重新发现，我们就从克利夫顿吊桥开始讲起吧。

现在，那些每天都要从克利夫顿吊桥上经过的人很少意识到，正是这座桥让布鲁内尔向特尔福德发起挑战，并取得了胜利。它横跨峡谷和河流，远远望去宛如一道漂亮的弧线。两侧山头树木郁郁葱葱，蔚然壮观。这座桥被当作是天才设计布鲁内尔的纪念碑，它的建造过程很复杂。

修建桥梁

要想知道事情的来龙去脉，要将时光倒回，看一看两位工程师出生之前发生了什么。1754年，布里斯托的酒商威廉·维克去世。他在遗嘱中写道，希望他留下的1000英镑被拿去投资，让它变成1万英镑。他觉得，这笔钱足够修建一座急需的石桥，将75米深的埃文峡谷两侧山头连接起来。

到1829年，维克的遗产已增加至8000英镑，但仍未被花掉。很显然，石桥就算能造，造价也远远超过这个

特尔福德40岁左右的肖像画，他在19世纪初成为冉冉升起的行业明星。

数。于是，这座城市的高级官员们决定举办一场比赛，邀请工程师们采用当时最先进的技术，设计一种造价更低的铁质吊桥。

有一个人脱颖而出，成为该比赛的评委，他就是当时英国国内一流的土木工程师特尔福德。就在不久前，他监造了梅奈吊桥，开创性地将威尔士北部大陆和安格尔西岛连接起来。梅奈吊桥属于新修的伦敦—霍利黑德高速公路的一个路段，用于公路运输。1826年，由特尔福德设计的横跨梅奈海峡的梅奈吊桥开放，是有史以来造型最精美、最令人印象深刻的吊桥，尽管它不是第一座吊桥。

然而不久之后，他的桥梁建设生涯在布里斯托以耻辱告终。他看完为埃文峡谷修建吊桥的参赛作品之后，认为它们都不够好而不予考虑，年轻的布鲁内尔设计的作品也在这些被否的作品当中。后来委员会就要求特尔福德自己设计。

这本来是他一展身手的好机会，但他的设计比较保守，将整座桥分成三个跨距较短的桥段，由从谷底建起来的仿哥特式塔架支撑，而布里斯托的规划者希望吊桥的设计可以再大胆一些，结构要轻巧。也许是特尔福德在这个行业奋斗了60多年之久，他的工程思维已经有些固化了。

这项设计遭到嘲笑，尤其是布鲁内尔，他公开表示讥讽。在自己的作品被否之后，布鲁内尔写信给委员会："由于两岸之间的距离要比造吊桥的安全距离短得多，所以我几乎不会考虑花高价从谷底建两座桥墩。"

这个年轻人抓住了机会。在第二次比赛中，布鲁内尔的设计最开始获得了第二名，但他的父亲马克·布鲁内尔——这位杰出的工程师说服评委授予他一等奖。

"布鲁内尔被任命为克利夫顿大桥的工程师了。"1830年3月19日，马克在日记中得意扬扬地写道。

布鲁内尔的胜利虽然没有让克利夫顿吊桥建成，但造就了他本人。1831年，由于财政困难，克利夫顿吊桥的项目被迫停止，直到1864年他去世后才完工。这个项目让布鲁内尔在布里斯托市站稳了脚跟，不久之后，他被任命主持修建大西部铁路，将布里斯托市与伦敦连接起来。

布鲁内尔的获奖作品：为埃文峡谷设计的吊桥（1830年）。

建成的克利夫顿吊桥。

然而，这次失败对特尔福德来说几乎是末日。尽管他此后还在继续工作，直到 4 年后不幸离世。他被安葬在西敏寺，成为首位获此殊荣的工程师，但他已经失去了在工程师队伍中佼佼者的地位。

这种情况持续了大约一个多世纪。今天人们重新认识到特尔福德对工业革命和现代英国的建立的重要性。这并不是要抹黑布鲁内尔的才华和成功，而是说特尔福德理应被视为与他旗鼓相当的人，在某种程度上，特尔福德更像是一位先驱。比如，布鲁内尔几乎从一出生就能在父亲的熏陶下学习工程学，但特尔福德在青少年时期没有人为他指明通往成功的道路。

成长为一名工程师

托马斯·特尔福德于 1757 年出生在苏格兰边区一个偏远的农场里。他的家乡群山环绕，风景如画，现如今那里的风貌依旧保留完好。正是那里的静谧之美激发了他不断探索世界的欲望。特尔福德的父亲是一名农场工人，在他不到一岁的时候就去世了。特尔福德从小就被派去山坡上放羊。

特尔福德本可以一辈子在农场里当个贫穷的工人，但是他的内心里有一股强大而炽热的力量驱使着他奋勇向前。或许是因为他与苏格兰最伟大的诗人罗伯特·彭斯有着相同的经历，他们小时候都在边区的农场里生活过，他强迫自己学习，多读书，甚至学写诗。

然而，最重要的是，特尔福德想要学建筑。他当过石匠，据说他早年的任务之一是雕刻他父亲的墓碑，现在仍能在他儿时的家园附近一个安静的教堂墓地里找到这块墓碑，上面刻着"无可指责的牧羊人"。

从那时起，特尔福德的人生开始走上坡路，他不断寻找机会以扩展人脉。他先去了爱丁堡，然后去了伦敦。他在伦敦参与修建了泰晤士河边宏伟的萨默塞特公爵府。18 世纪 80 年代，他来到什罗普郡，也就是从这里他开始声名远扬，并找到了人生的意义。他先是当了建筑师，后来又成为土木工程师。

虽然现在的什罗普郡给人的感觉是彻头彻尾的农村，但在当时，那里可以说是工业革命的前沿阵地。当时，煤溪谷的大型铁厂在新技术研

1799年，特尔福德设计了一个跨度为180米的单拱铁桥，来代替老伦敦桥，但这个设计方案从未变成实物。老伦敦桥最终由约翰·伦尼设计的五拱石桥代替。

发方面起到了良好带头作用，就在特尔福德到那里不久前，世界上第一座铁桥已经在塞文河上建成。也正是在那里，他终于认识到金属的应用有可能实现革命性的变革。

1797年，他在别人的帮助下，在特尔福德镇附近的新运河上建造了一座短小而十分实用的铁质水道桥。但这只是前奏。他还主持修建了宏伟的庞特卡萨鲁岩水道桥，于1805年开通。这座水道桥位于威尔士西北部，至今仍然高高地耸立在迪河河谷上方38米处，承载驳船，使兰戈伦运河凌空横跨迪河。就像克利夫顿吊桥是布鲁内尔的纪念碑一样，庞特卡萨鲁岩水道桥是特尔福德的纪念碑。这两座桥都展现出设计者天赋异禀且善于学以致用的特点。

诚然特尔福德知道如何实现高效的团队合作，如何同时管理多个项目，是行业的佼佼者，但他取得的辉煌成就离不开他人的帮助。例如负责运河项目的威廉·杰瑟普，也是特尔福德的名义上司，在特尔福德主持修建庞特卡萨鲁岩水道桥的时候，他和其他团队成员提供了很多帮助；还有什罗普郡的铁匠威廉·哈兹莱丁等人，持续在特尔福德建造最伟大的铁桥时供应大部分的金属制品，包括后来的梅奈吊桥。

许多特尔福德的年轻门生也取得了非凡的成就，托马斯·布拉西就是其中之一，他在世界各地修建了不少有名的铁路，并因此名利双收。1820 年，特尔福德成为英国土木工程师学会的第一任主席，该机构是土木工程界历史悠久、影响力最大的国际性学术团体。

特尔福德没有因自己的成就而变得傲慢，说话也不会一板一眼。他不喜欢炫富，更不会刻意显示自己的地位。他对钱似乎不太感兴趣。他身体壮实，一头黑发，长着一张粗犷的脸。他生来就擅长户外劳作，并为自己的实操能力感到自豪。他为人处事灵活，在官场上如鱼得水。他自学能力强，对理论知识有着很深刻的理解：他有一个袖珍笔记本，上面写满了极其复杂的数学计算公式和建筑学知识。并且他经常学习工作到深夜。

特尔福德总是没日没夜地工作，几乎从不休息。他没有时间考虑自己的人生大事，他甚至没有寻找伴侣或组建家庭的想法。他没有兄弟姐妹，母亲是他唯一的直系亲属，好在他有许多终生挚友。在好朋友面前，

他总是兴高采烈，喜欢讲故事，说笑话，眼睛里总是闪着光，让人一见面就喜欢他。

四处奔波

19世纪早期，英格兰、威尔士和苏格兰的偏远角落都遍布着他的项目。特尔福德常常定期巡视项目现场，时刻关注项目进度，在旁人眼中，他似乎总是在四处奔波。他在英国到处跑，年复一年。例如，他在政府委员会的支持下，监造了近1600千米长的道路和无数桥梁，包括造型精美、结构轻巧的铁桥，其中的一座如今仍然耸立在克雷盖拉希的斯佩河上。

特尔福德主持修建了宽阔的卡利多尼安运河，连接了苏格兰东海岸印威内斯与西海岸威廉堡。该项目艰巨复杂，耗时20年，要换成别人，可能会把一辈子的时间都只花在这一个项目上。而特尔福德完成该项目的同时做了一系列令人称叹的项目：重建港口，建造教堂、水厂和桥梁，修筑自罗马时代以来最快、最好的道路。

特尔福德主持修建了著名的伦敦—霍利黑德高速公路，使得从伦敦到都柏林从此变得更加方便快捷。1801年，大不列颠及爱尔兰联合王国成立。至此之后，这条线路的重要性愈发明显。特尔福德升级了伦敦—伯明翰—舒兹伯利的原有道路，并设计了一条翻越史诺多尼亚群山的新路段，其中包括设计精美的梅奈吊桥，以及康威城堡附近的一座吊桥。

他还有更多成就：瑞典运河项目的顾问；印度、俄罗斯和加拿大工程项目的顾问；伦敦的圣凯瑟琳码头重建项目的设计师。所有这些成就都令人钦佩，但其中很多都因为蒸汽和铁路的出现而变得多余。1834年，特尔福德去世。

　　他的杰作就是为他修建的最好的纪念碑。它们建造得如此之好，其中绝大多数作品现在仍在使用。你可以在他的公路上开车，从他的桥上走过，在他的运河上乘船。它们值得我们去探寻，能够帮助我们更好地了解这位奠定现代英国发展基础的伟人和他的故事。

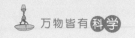

科学故事：

1815 年汉弗里·戴维发明了救命灯

　　玛丽·雪莱是汉弗里·戴维最出名的粉丝。她曾经一边写《科学怪人》（又叫《弗兰肯斯坦》），一边去皇家研究所听汉弗里·戴维的电流和化学讲座。戴维杰出的口才吸引了无数文人墨客，为避免听众的马车拥堵街道，伦敦市第一次把街道设定成了单行道。

　　戴维非常善于自我推销，他很快进入了上流社会，摆脱了康沃尔郡木雕工儿子的身份。他曾经去药房做过学徒，后来因为给当地矿工发明了安全灯而获得男爵身份。1820 年，他被推选为皇家学会会长，这是英国科学界最负盛名的头衔。

　　和维克多·弗兰肯斯坦一样，戴维也是问题天才。青少年时期，他接触到了在法国建立和发展起来的有关氧气和酸认知的颠覆性观点，并下定决心成为化学界的牛顿。戴维酷爱钓鱼，也是位才华横溢的诗人，经常主动去结识同时代的浪漫主义作家和诗人。19 世纪早期，对于一个科学家应该如何行事，人们没有达成共识。科学家应该是一位通过系统持续地观察和检验获得结论的实验者吗？科学家应该在看到苹果从树上掉下来时灵感乍现吗？

　　凭借高超的实验技术和杰出的演讲才能，戴维确立了权威专家的地位，他能够操控自然界的力量，窥探其最深处的奥秘。特别是他发现了利用电流（电学发展的新时代刚刚到来）探测化学物质的方法。他电解水，发现水只包含两种元素：氧和氢。他将同样的技术用于碱性溶液，发现了两种新的易燃金属：钠和钾。英国人称赞戴维是改变了化学演进方向的民族英雄。

即便他获得如此殊荣，戴维的评论者们也永远忘不了提起他的"不务正业"。在布里斯托气体治疗研究所工作的两年里，他对一氧化二氮的研究重点并非是这种气体的麻醉特性，而是侧重其用作娱乐性药物的可能性，深入研究了一氧化二氮引起人体内"快乐激素"的释放和改善人的情绪的特性。1801年，他来到伦敦，此时他更加关注科学研究的实际应用，于是他投身英国的工业和农业发展事业中。他的第一批项目是发展皮革鞣制加工和化肥技术，为其优化提供科学依据。另外在调研采矿技术的时候，他从现存问题入手，在伦敦实验室里发明了一种新的工具来解决问题。

在康沃尔郡度过的童年里，戴维了解到地底下的一些气体具有易燃特性，能够引发致命的事故。通过化学研究，他弄清楚了矿井里的"爆炸性气体"的构成，并发现这种气体只会在高温环境下爆炸。为此，他发明了安全灯，安全灯主要通过两种重要的方式来防止自身温度过高而引发爆炸：首先他使气体通过细管从而达到冷却气体的目的；然后用金属网罩包住火焰。他的发明拯救了很多生命，他因此名声大噪。有了安全灯，矿工们可以进入更深和更危险的裂缝中，雇主们的利润也大大提高了。

第4节 苏格兰启蒙运动

18世纪，苏格兰处于知识大爆炸的时代，这个时期让一些最杰出的思想家备受鼓舞，大放异彩。

亚历山大·布罗迪与格拉斯哥大学著名的狮子和独角兽楼梯的合影。

格拉斯哥大学的主楼建于 19 世纪中期，是一座宏伟的新哥特式建筑，坐落在一座小山上，俯瞰全城。但其中的部分建筑可以追溯到 17世纪，尤其是著名的皮尔斯门楼，以及纪念礼拜堂旁边的狮子与独角兽楼梯；楼梯两侧装饰的狮子和独角兽雕像建于 1690 年。

看到楼梯和门楼，不禁让人想起格拉斯哥大学的辉煌历史。在 18 世纪的苏格兰启蒙运动时期，这所大学是一所完全意义上的启蒙大学，现在仍然是。

启蒙运动提倡理性，反对传统，其特点是取得了巨大的科学成就，知识得到了发展。这是一场真正的全球化运动，但全世界没有任何地方比苏格兰更加活跃，在苏格兰，也没有任何地方比格拉斯哥大学的启蒙

运动更加引人注目。

一个国家要想得到启蒙，必须具备两个要素：首先是拥有一大批富有创新精神的人，他们要能够独立思考，而不是一味地服从权威。第二是社会具备一定程度的包容性，允许这些人表达自己的想法，让他们不用担心会因此遭到报复。

从这两个方面看，并基于当时的标准，苏格兰是 18 世纪欧洲启蒙程度最高的国家之一。富有创造力的思想家遍布苏格兰各地，尤其是在阿伯丁、格拉斯哥和爱丁堡等城市的大学里，他们中的有些天才不仅传播新知识，甚至彻底改变了整个学科。

在启蒙运动早期的阿伯丁，有科林·麦克劳林和通识教育理论家乔治·特恩布尔等人。麦克劳林是一位杰出的数学家，得到过牛顿爵士的热情称赞。特恩布尔在马修学院的学生托马斯·里德后来接任亚当·斯密，成为格拉斯哥大学的道德哲学教授。里德是苏格兰常识哲学学派最重要的人物。在接下来的一个世纪里，该学派在北美和法国占主导地位。

与此同时，爱丁堡大学有哲学家杜格尔德·斯图尔特、社会学家亚当·福格森和历史学家威廉·罗伯逊。还有大卫·休谟和詹姆斯·赫顿。休谟是苏格兰启蒙运动时期最伟大的哲学家之一，他虽然住在爱丁堡，但不在大学任教。

格拉斯哥大学除了有斯密和里德，还有哲学家弗兰西斯·哈奇森、内科医生威廉·卡伦、化学家约瑟夫·布莱克和工程师詹姆斯·瓦特。

那个时候，苏格兰宗教和政治当局对新思想和具有挑战性的观念持有相对宽松的态度，这些令人敬畏的思想家们则利用这种态度，为欧洲的前沿研究制定了议程。法国的情况则大不相同，那里的许多启蒙运动家们不得不与专制的君主制、教会和强大的国家审查制度做斗争。

相比之下，尽管人们普遍认为大卫·休谟是无神论者，但他从未受到过牢狱之灾的威胁。事实上，他是他所在学会的生命和灵魂。他所在的学会成员有牧师、法官、教授、贵族和艺术家，以及他的儿子约翰和罗伯特。

正是在格拉斯哥大学执教的过程中，亚当·斯密创立了一些理论，为他的著作《国富论》打下了基础。

没有人比道德哲学巨人亚当·斯密更能说明格拉斯哥在苏格兰启蒙运动中的作用了。一尊1867年的亚当·斯密雕像矗立在格拉斯哥大学主楼的毕业堂附近。亚当·斯密与这所大学有着密切的联系：他从这里本科毕业，后来又被学校聘为教授，任职期间他首先研究的是逻辑和修辞学，后来是道德哲学。在他生命的最后两年，他担任了该大学的校长职务。

亚当·斯密现在被誉为"经济学之父"，正是由于他在格拉斯哥大学执教的过程中创立的一些理论为他后来创作《国富论》打下了基础。人们曾经认为《国富论》对经济学理论的发展做出了最伟大的贡献。

亚当·斯密著名的观点是为自由贸易辩护，认为贸易壁垒对实施贸易壁垒的国家没有好处；相反，他指出，保护主义将导致价格上涨，进而对就业产生负面影响。他还认为，学校教育应该普及，并由政府支付

费用，他甚至起草了学校应该遵循的教学大纲。

自然科学与哲学和政治经济学一样，也是苏格兰启蒙运动中具有特色的一个学科。一位教授在格拉斯哥大学的 10 年间，曾对热量进行过研究，他就是前面提到的约瑟夫·布莱克。布莱克探究了两种重要的自然现象背后的科学，即潜热和比热。这是他为热力学领域做出的重要贡献。

亚当·斯密，"经济学之父"。

还有詹姆斯·瓦特，他是布莱克最亲密的合作伙伴，也是格拉斯哥大学的科学仪器制造者。为了制造出高效的蒸汽机，瓦特提出了一个绝妙的解决方案，并在此过程中帮助英国制造业提高了生产率。

格拉斯哥大学宏伟的亨特博物馆里陈列的启蒙运动时期的标本。

詹姆斯·瓦特、约瑟夫·李斯特和开尔文勋爵等人使用的一些科学仪器被保存在格拉斯哥大学气势磅礴的亨特博物馆中。该馆由先驱产科医生和教师威廉·亨特博士建立，于 1807 年向公众开放，陈列着亨特收藏的重要标本、手稿和其他启蒙材料，被誉为世界上最好的大学藏馆之一。

苏格兰启蒙运动：
探寻五个重要的地方

格拉斯哥大学

参观格拉斯哥大学

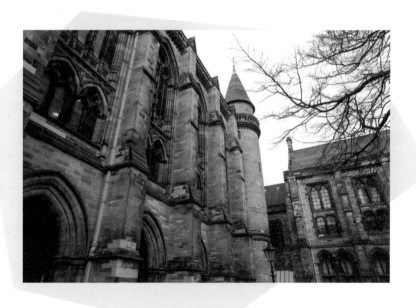

① 阿尼斯顿府邸，位于中洛锡安的戈尔布里奇

1726 年，阿尼斯顿勋爵罗伯特·邓达斯委托启蒙建筑师威廉·亚当在原有的塔式楼所在地建造了一栋新的乡村别墅。这是一座真正的帕拉第奥式别墅，最终由威廉的儿子约翰完成。它保留了塔式楼的两个房间，主厅的灰泥工作由约瑟夫·恩泽负责，为令人惊叹的巴洛克式风格。这座宏伟壮观的建筑至今保存完好。自 1571 年起，邓达斯家族一直住在这片土地上。

阿尼斯顿府邸是帕拉第奥式别墅的瑰宝级代表作，在过去250年里保存完好。

② 西卡角，科克本斯佩斯附近

西卡角位于爱丁堡以东约 60 千米的北海海岸，它以一种特殊的地理现象而闻名：近乎垂直的岩层上覆盖着水平的且不太抗蚀的岩层。看到这种非同寻常的构造之后，苏格兰启蒙运动时期的天才之一詹姆斯·赫顿提出了"时间深度"概念，指出地球的年代比创世论者所认为的几千年要久远得多。

3 罗伯特·彭斯的出生地，位于艾尔郡阿洛韦

诗人罗伯特·彭斯出生的小屋建于 18 世纪 30 年代，南端是客厅和牛棚，由他的父亲威廉于 1757 年建造。小屋现在变成了博物馆。附近是奥尔德教学废墟，彭斯 1790 年所作叙事诗《汤姆·奥桑特》中描绘的女巫的舞场就是这里。

4 爱丁堡新城

爱丁堡新城始建于 1767 年，位于爱丁堡人口稠密的老城以北，由詹姆斯·克雷格设计。新城采用经典的格子状布局，包含三条主要的东西向街道，东接圣安德鲁广场，西接罗伯特·亚当设计的夏洛特广场。后来，它往东部和北部继续扩展，构建了另一个宏伟壮观的区域，那里延续了乔治时代的布局和建筑风格。一些汉诺威王朝的支持者及英格兰和苏格兰联合的支持者的姓名被用作街道名，以提醒众人爱丁堡新城的早期设计借鉴了联合王国国旗的样式。旧城区和新城区已被正式列入世界遗产名录。

5 新拉纳克，位于南拉纳克郡

这个工厂村现在是世界遗产，已列入世界遗产名录，由商人大卫·戴

尔于 1785 年建立，目的是安置纺纱厂的工人。工人中有很多是童工，他们的福利和教育对戴尔来说很重要。1799 年以后，戴尔的女婿罗伯特·欧文制定了更完善的安全条例，并建立了医疗保障基金和令人意想不到的全民教育制度。亚当·斯密的经济活动不得违背道德框架的观点在这里变成现实。

新拉纳克为纺纱厂工人提供了一种全新的生活方式。

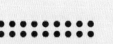

第五章

科学趣事

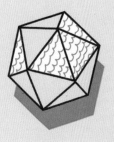

第1节 和柏拉图一同苏醒

从古希腊哲学家的闹钟到稀奇古怪的牙刷，让我们来探索一下人们早上起来都在干些什么。

在石头上酣睡

从远古时代开始，我们美好的一天就是从床上开始的。睡觉一直是我们的一项生理需求。石器时代中期出现了最古老的床。近日，考古学家在南非发现了一张手工床垫的遗迹，它由树叶和灯芯草编织而成，距今7.7万年。这些穴居人大概是把席子铺在地上做床，但如果我们去看一看新石器时代（距今约5000年）的奥克尼，就会发现斯卡拉布雷的居民睡在高出地面的石床上。

同期的古埃及贵族们更喜欢倾斜的床（头高脚低），或者中间凹陷的弓形床。他们的习惯比较有趣，那里的穷人常常睡在一堆垫子上，富人为了确保早上起来的时候精致的发型不被弄乱，他们喜欢睡觉的时候把头枕在用木头、象牙或雪花石膏雕成的弓形枕头上。

从哨声中醒来

我们肯定不是第一个被闹钟从睡梦中惊醒的。据说，世界上第一个闹钟是大约生活在2400年前的古希腊哲学家柏拉图发明的。我们不知道这个装置的确切样子，根据推测，它可能是一个水钟，采用了排水系统的原理，迫使空气从一个小缝隙出来，从而产生哨声，以此来唤醒学生。

17世纪，机械钟表变得越来越小，查理二世的臣民们也因此用上了怀表。但闹钟直到20世纪才开始出现在床头柜上。的确，在维多利亚

时代的英国，工头习惯用一根长棍敲打窗台来叫醒工人们。

上公共厕所

我们现在使用的马桶和古埃及人使用的石头马桶并没有太大的区别。诚然，抽水马桶在16世纪90年代才出现，抽水马桶的发明者是伊丽莎白一世的教子约翰·哈林顿爵士。然而，这位爵士当时忙着写讽刺诗歌，无暇推销他的发明。直到1851年，詹宁斯的抽水马桶在首届伦敦世博会上亮相后，中产阶级才开始放弃便盆，赞成修建下水管道，从而使抽

水马桶得到普及。

　　现代人上完厕所之后都会擦屁股，人类的祖先也一样，不过他们可能用的是苔藓和树叶。让人意想不到的是古罗马公厕提供的擦屁股的用具，即一块海绵，人们将其连在一根棍上，一个人用它擦拭完屁股之后需要将其放回原处，以留给下一位要来上厕所的人使用。

　　中国人在 6 世纪左右就开始用卫生纸擦屁股。直到 1857 年，约瑟夫·盖耶提才大批量生产经芦荟植物萃取精华和卫生润滑油浸渍过的现代厕纸（卷装）。

行使你的洗澡权

1767 年，威廉·费瑟姆发明了现代淋浴设备。奇怪的是，有些款式的底部装上了轮子，这意味着用户洗澡的时候必须要小心，以免淋浴器在湿滑的地板上走动。在接下来的一个世纪里还出现过奇葩的"健身单车淋浴器"。也就是说你洗澡的时候只有踩着健身单车，淋浴头才出水。

但几乎可以肯定的是，通过洗澡来保持卫生的习惯可以追溯到石器时代。到了青铜器时代，住在哈拉帕的早期巴基斯坦人完善了公共卫生基础设施。在 19 世纪之前，那里的公共卫生基础设施可以说是无与伦比。虽然古希腊人和古罗马人建立了巨大的公共澡堂，并采用复杂的火炕供暖系统为他们的澡堂加热，但是早在古雅典鼎盛时期（约 2500 年前），大部分住在哈拉帕的人家里就已经都通了自来水。

追求时尚

几千年前，由于人们开始穿布料衣服，体虱也在衣服的褶缝里大量繁殖。体虱通常被认为是其近亲头虱的一种。在我们的绘画中，石器时代的人经常穿着兽皮，但他们也用原始的织布机或针和线来缝制更合身的衣服。在冰河时代，拥有保温效果好的衣服是活下来的关键。

如今，时尚大多是指是否好看，但"时尚警察"的存在比你想象的要久远。在中世纪，法律禁止普通人穿着某些带有颜色和图案的衣服。爱德华四世规定，只有皇室能穿紫色、金色和银色的衣服；只有骑士能穿天鹅绒面料的衣服。

在 17 世纪的日本，法律禁止商人穿带有图案的长袍，于是有的人将这些图案纹在皮肤上。这种刺青艺术现在在日本仍然十分流行。一些身上有珍贵的大师刺青作品的人，会接受死后被剥皮，并同意将剥下的皮肤有偿遗赠给博物馆。

刷牙

人们治疗牙痛已经有上千年的历史了。有证据表明，巴基斯坦在 9000 年前就已经有牙钻了，但人们知道还是不要做手术为好。所以从中世纪的印度居民到伊丽莎白时代的人，他们每天早上都会用磨损的树枝刷牙。

古罗马贵族让奴隶为他们刷牙，用鹿角粉来增白牙齿。奇怪的是，当时市面上最好的漱口水竟然是从葡萄牙进口的人类尿液。

中国人发明了现代牙刷，但它从未传到欧洲。欧洲牙刷的发明要归功于威廉·阿迪斯。1780 年，阿迪斯将马毛插入猪骨中。但就连阿迪斯也不建议每天刷两次牙。刷两次牙的建议是二战期间美国陆军卫生实验部门提出来的。

第 2 节　科学问答

饱受争议的发现、不可思议的联系和真相
大白的理论：这个小节将探讨科学史上一
些最可能引起争议的话题。

是谁真正发现了 DNA？

说起DNA的分子结构，多数人会想到弗朗西斯·克里克和詹姆斯·沃森，但他们在20世纪50年代的发现比寻找生命"构成要素"的瑞士物理学家弗雷德里希·米歇尔首次识别出DNA，要晚了80年。弗雷德里希·米歇尔曾经重点关注细胞里的蛋白质，并于1869年发现细胞核里面还潜藏着一种不为人知的物质。他后来将其命名为"核酸"，并认为它至少和蛋白质一样对细胞至关重要。

也并非是克里克和沃森最先证明米歇尔的发现是正确的。纽约洛克菲勒大学的团队在奥斯瓦德·艾弗里的带领下完成了一些关键性的实验。正是受到了这些实验的启发，克里克和沃森才发现了 DNA 的双螺旋结构。艾弗里的团队做了大量细菌方面的研究，并于1944年发表论文称，一个细菌利用 DNA 将自己的遗传信息传递给另一个细菌。这和人们当时普遍接受的理论相违背，当时的主流观点是

DNA的双螺旋结构：克里克和沃森提出的DNA理论晚了80年？

DNA 只是一个简单的分子，没有如此复杂的功能，蛋白质必定是遗传信息的载体。艾弗里的观点得到了克里克和沃森的认可，可怀疑派持有不同意见。艾弗里多次被提名诺贝尔奖，但直到他 1955 年去世都没获得此殊荣。一直到 20 世纪 60 年代，他的观点才最终得到认可。

是谁真正发明了计算机？

计算机远不止是一台速度超快的数据分析机。基于一系列指令，计算机的处理器和存储系统几乎能够执行从文字处理到操控飞机等无数个任务，至少理论上是这样。第一位想要制作这样一台万能机器的人是英国数学家查尔斯·巴贝奇。1834 年，巴贝奇开始拟定该机器的制作计划，并为其取名

巴贝奇。

"分析机"。他想通过排列（编程）分析机的齿轮、杆和轮子，让它执行从解方程到作曲等任务。遗憾的是，这个维多利亚时代的工程奇迹只完成了一部分。

一百多年后，另一位英国数学家艾伦·图灵提出打造"万能机"的构想，并研究了它的理论基础。二战时期，布莱切利园从事密码破译工作的同事们实现了图灵提出的部分理论。他们发明的电子设备

"Colossus"破译了德国最高指挥部的部分最高机密的密码。

究竟是谁建造了第一台真正的计算机，历史学家们对此仍然尚无定论。但是他们普遍认为，美国和英国的工程师们都在20世纪40年代末成功造出了巴贝奇梦想中的万能机器。

谁真正发现了海王星？

1846年9月23日晚，德国天文学家约翰·加勒在水瓶座附近观测到一个新的天体，但它没有在最新的星图上。因该天体形状似圆盘，加勒得出结论它是一颗行星。这个结论在第二天晚上得到证实，因为该天体的位置相对于遥远的恒星发生了变化。

亚当斯年轻时的照片。

加勒观测到的新天体就是我们现在所说的海王星。他的这项发现并非巧合。奥本·勒维耶曾经请他观测那片夜空，寻找海王星。勒维耶是一位博学多才的法国理论家，他一直在研究天王星轨道运动的反常问题。他的研究结论是，天王星正在受到一颗未知行星（就是我们所说的海王星）的影响。

然而，就在加勒和勒维耶因为他们的发现而备受赞扬时，英国天文学家声称：剑桥大学的年轻数学家约翰·柯西·亚当斯曾经做过类似的

计算，而且之后有另一位英国天文学家曾经三次观测到海王星，不过未能认出它。这种试图攫取一些荣誉的行为引发了一场国际争论。后来，美国科学家认为加勒、勒维耶和亚当斯的预测都是错误的，且海王星的发现也只是一个美丽的意外，这让这场争论愈演愈烈。

最近的研究让历史学家们不再理会英国的说法。无论如何，现在我们可以确定的是加勒并不是第一个观测到海王星的人：伽利略的笔记表明他早在 1612 年就发现了海王星。

是什么将核武器和上等葡萄酒联系在一起？

1945 年，美国陆军进行了第一次核武器试验，这是其曼哈顿计划的一部分。从那以后，全世界发生了 2000 多次核爆炸。

每次核爆炸都会释放几百克的放射性同位素铯 -137。它的半衰期约为 30 年，铯 -137 通常在自然界中是找不到的。

核爆炸产生的铯 -137 尘埃分散在大气中，与雨水发生反应，形成可溶盐。植物通过根部会少量吸收这些盐。

葡萄酒可能有放射性，除非它真的年份久远。

因此任何 1945 年后装瓶的葡萄酒都能够检测到铯 –137 的存在，不过它不影响饮用的安全性。后来人们利用这一事实来判断一瓶葡萄酒是否是 1945 年之前生产。

谁真正发明了喷气发动机？

让喷射的流体直接产生反作用推力的基本设想可以追溯到古代。公元 1 世纪，古希腊数学家亚历山大的希罗发明了一种由两个方向相反的喷嘴喷出蒸汽来转动的装置。然而，它不太可能用于实际生活中。该装

弗兰克·惠特尔（右）解释他的喷气发动机的工作原理。

置喷出的蒸汽可能弱到无法克服不同部件之间产生的摩擦力。

1922 年，法国工程师马克西姆·纪尧姆获得了一项简易式喷气发动机的设计专利。尽管该发动机从未被制造出来，但纪尧姆的设想是对的。它由一系列用来压缩空气的涡轮组成，被压缩后的空气与燃料混合并被点燃。由此产生的气体迅速膨胀，进而产生推力。

第一个成功运用这种方法的人是英国皇家空军的年轻工程师弗兰克·惠特尔。20 世纪 20 年代，他设计了一套涡轮机和压缩机的组合装置，并声称这套装置可以产生足够的推力来驱动飞机飞行。然而，英国空军部对他的设计不感兴趣，于是惠特尔成立了自己的公司，并在 1937年生产了第一台可正常工作的喷气发动机。与此同时，德国物理学家汉斯·冯·奥安也找到了一个类似的解决方案。1939 年 8 月，第一架喷气式飞机亨克尔 He-178 装载着奥安设计的喷气发动机从机场起飞。

什么将航天飞机和马联系起来？

用火车将犹他州普照罗蒙特生产的航天飞机固体火箭助推器运往 3860 千米以外的佛罗里达发射场需要 7 天。

为了安全穿过沿途的铁路隧道，每个助推器部件的最大直径仅为 3.66 米。

铁轨距离决定了铁路隧道的宽度。美国使用的标准铁轨距离为 1.44 米。

早期的火车靠马拉，所以标准的铁轨距离由两匹马并排拉车的宽度决定。蒸汽动力火车兴起之后，该标准依然保留下来，以便继续使用以往的货车。

运往肯尼迪航天中心的航天飞机助推器部件。

谁发现了无线电波？

无线电波是维多利亚时代科学界最伟大的发现之一，至今影响深远。

19世纪60年代，杰出的苏格兰理论物理学家詹姆斯·克莱克·麦克斯韦预测了无线电波的存在。他提出，电和磁是同一现象的不同方面。1887年，德国物理学家海因里希·赫兹证实了麦克斯韦的预测。但令人难以置信的是，赫兹认为无线电波"毫无用处"。

幸运的是，其他科学家看到了这种能穿过空气、坚固的墙壁和真空

的神秘电波的潜能，其中就包括英国物理学家奥利弗·洛奇和意大利电气工程师伽利尔摩·马可尼。他们二人各自提出了将火花放电转化为可检测信号的方法，并因此卷入数项相关专利的法律纠纷中。但现在，人们通常将马可尼视为无线电通信的"发明者"，一定程度上是因为他是将简单无线电信号发送至大西洋彼岸的第一人。公关活动让他获得了国际认可，甚至赢得诺贝尔奖。

然而，马可尼并没有挖掘出无线电的全部通信潜力。一群默默无闻的发明家攻克技术难题，找到了传播高保真演讲和音乐的媒介。

什么将汽灯和核能联系在一起？

1885 年，奥地利科学家冯·维尔斯巴赫发明了一种新型汽灯，比早期的火焰灯要亮得多。

冯·维尔斯巴赫发明的汽灯采用氧化钍灯罩。氧化钍的熔点是 3300℃，在高温下能发出耀眼的白光，因此汽灯十分明亮且灯罩不会熔化。

但是，钍具有放射性，而且它会衰减成同样具有放射性的氡 -220。

在核反应堆中，钍比铀和钚更安全。

钍汽灯示意图。

钍的熔点高，不容易发生具有毁灭性的熔化，因此不用于武器制造。

是谁发明了钟形曲线？

钟形曲线因其中心峰和优美的曲线而得名，是数学等科学领域最著名、最重要的图形之一。它在数学中表示正态分布，即受随机累积效应影响的任何事物的值的分布，其中波峰为平均值，两侧为其他较不常见的值。从股市波动到人类身高和智力，许多现象都可以用钟形曲线大致描述。

许多教科书都将钟形曲线称为高斯曲线，以表彰 19 世纪杰出的德国数学家卡尔·弗里德里希·高斯。高斯在研究数据是怎么被随机误差影响时，推演出这个形状。但是几十年前，法国数学老师亚伯拉罕·德·莫夫就得到过相同的曲线，解决了困扰数学家多年的难题：反复抛掷硬币时，如何计算正面或反面出现的概率。

高斯曲线常被历史学家视作斯蒂格勒定律的例子。该定律指出，没有什么科学发现是以最初的发现者命名的。

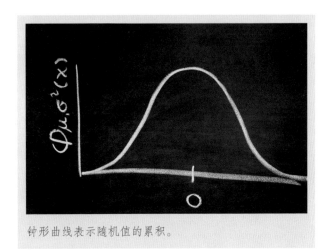

钟形曲线表示随机值的累积。

谁发明了元素周期表？

每个学校化学实验室的墙上都挂着元素周期表，这是近150年来化学元素的首选参考工具。通常，人们认为是俄国化学家德米特里·门捷列夫制定了罗列元素的规则。但早在几年前，其他人就制定了这些规则，不过他们的工作并未得到认可。

英国化学家约翰·纽兰兹就是其中之一。19世纪60年代中期，他指出按照原子质量排列元素时，性质相似的元素会紧密地排列在一起。但是，向同行描述这一发现时，纽兰兹将其与音乐的八度类比，引发了疯狂的嘲讽。事实上，另一位英国化学家威廉·奥德林也预言了纽兰兹的发现，然而他也没能引起人们的兴趣。

门捷列夫之所以声名远扬，是因为他意识到这些规律比其他人想象的要复杂。他发明的元素周期表（最早于1869年出版）中，某些列比其他列更长。他还怀疑，在已发现的元素模块间隙中存在尚未发现的元素，并大胆地预测了它们的性质。镓、锗和钪的发现验证了门捷列夫的猜测，也奠定了其19世纪杰出科学家的地位。

什么将瞄准器和伤口缝合联系在一起？

1942 年，即第二次世界大战期间，美国化学家哈里·库弗博士致力于研究可用于轻型瞄准器制造的透明塑料。他测试的化学基团之一是氰基丙烯酸酯。

由于氰基丙烯酸酯可立即与几乎所有物体黏合，库弗放弃了将它作为瞄准器材料的打算。 但是 1958 年，他就职的伊士曼柯达公司利用氰基丙烯酸酯的这一特性，将其作为胶粘剂推向市场，命名为"伊士曼910"，即后来的强力胶。

室温条件下，氰基丙烯酸酯是液态。但即便吸收微量的水分，氰基丙烯酸酯分子也会迅速连接成一条长而黏的链条。

1966 年，越南战争的野战医生利用氰基丙烯酸酯喷雾剂暂时封住伤口。现在，医用级超级胶水可用于修复小切口。

最早接受氰基丙烯酸酯封住伤口的病人是越南战争中的美国士兵。

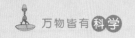

科学故事：
1666年艾萨克·牛顿的棱镜实验

　　300多年前，科学界最重要的事件诞生。牛顿晚年时对几个朋友说，他在自家果园的一棵苹果树下发现了引力理论。从此，牛顿的苹果被赋予神圣的光环，象征着独自在未知的思想海洋中探索的科学天才。

　　牛顿将近30岁时当选为英国皇家学会会员，但为他赢得赞誉的并不是他理论上的大胆突破，而是他喜欢实践的特点。

　　牛顿是位技巧娴熟的工匠，发明了令人惊艳的小型且功能强大的望远镜。精心设计的抛光透镜使得望远镜不再失真。1672年，牛顿发表了自己第一篇关于棱镜的论文，成功规避了任何长期研究项目中都不可避免的误差。看起来，牛顿似乎只用一次"关键实验"就证明了自己的想法，并让人们确信他的对手是错误的。

　　根据当时盛行的理论，光线穿过空气或水等介质时会发生一些变化。太阳光透过教堂窗户上的彩色玻璃，或烛光将钻石照射得五彩斑斓时，我们能看到，光线在从光源进入我们眼帘的过程中，发生了变化。

　　但是，牛顿坚持认为彩虹的不同颜色在看起来是白光的附近一直存在，为此他还设计了实验。1672年，牛顿声称，两个普通的棱镜就足以提供确凿的证据。

　　就像在苹果树下得到引力理论的灵感一样，牛顿在光学领域的关键实验可以追溯到1666年的一次度假。这一年，他因瘟疫被迫离开剑桥，在林肯郡的家中度过了很长时间。在一封私人书信中，牛顿解释说，他使从百叶窗的一个小孔中穿过的光束穿过一个棱镜，"可以看到生动而强烈的色彩，这是一种令人愉悦的消遣"。

过了一段时间，为了深入探究这个现象，牛顿在其中一束彩色光线上放置了另一个三棱镜。他看到，彩色光线穿过三棱镜时并未发生变化，于是指出法国哲学家笛卡尔的修正理论是错误的。

牛顿的实验很有戏剧性，但这重要吗？相关争论持续了好几年。牛顿的死敌罗伯特·胡克指责他窃取了自己的研究成果，然而胡克并没有提供确切的证据，他仅仅认为这个现象可能有其他解释。欧洲的科学家们提出了另一个严肃的问题：牛顿的实验遗漏了重要细节，例如玻璃的类型和棱镜的尺寸，因此他的实验结果无法复制。

英格兰几乎没有人挑战牛顿的权威，但正如意大利评论家抗议的那样，"当实验结果对定理有利时，棱镜是行之有效的；反之，棱镜就是无效的"。

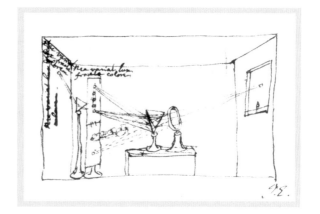

图书在版编目（CIP）数据

万物皆有科学 / （英）夏洛特·霍奇曼编著；李亚文，孙诗惠译. —长沙：湖南少年儿童出版社，2022.3
ISBN 978-7-5562-5621-1

Ⅰ.①万… Ⅱ.①夏…②李…③孙… Ⅲ.①科学技术 – 技术史 – 世界 Ⅳ.①N091

中国版本图书馆CIP数据核字（2021）第128903号

万物皆有科学
WANWUJIEYOUKEXUE

策划编辑：万　伦　　　　　　　责任编辑：万　伦　徐强平
营销编辑：罗钢军　　　　　　　版式设计：雅意文化
质量总监：阳　梅　　　　　　　封面设计：仙境设计
出 版 人：刘星保
出版发行：湖南少年儿童出版社
地　　址：湖南省长沙市晚报大道89号（邮编：410016）
电　　话：0731-82196340（销售部）　　82196313（总编室）
传　　真：0731-82199308（销售部）　　82196330（综合管理部）
经　　销：新华书店
常年法律顾问：湖南崇民律师事务所　柳成柱律师
印　　制：湖南印美彩印有限公司
开　　本：710 mm×1000 mm　1/16　　印　　张：13.5
版　　次：2022 年 3 月第 1 版　　　　　印　　次：2022 年 3 月第 1 次印刷
书　　号：ISBN 978-7-5562-5621-1
定　　价：68.00 元